国家社会科学基金重大项目资助（17ZDA123）成果

U0574101

80项婴幼儿
心理学实验及启示

洪秀敏　张明珠　刘倩倩　主编

北京师范大学出版集团
BEIJING NORMAL UNIVERSITY PUBLISHING GROUP
北京师范大学出版社

图书在版编目（CIP）数据

80 项婴幼儿心理学实验及启示/洪秀敏，张明珠，刘倩倩主编.
—北京：北京师范大学出版社，2022.10
ISBN 978-7-303-27796-4

Ⅰ．①8… Ⅱ．①洪… ②张… ③刘… Ⅲ．①婴幼儿心理
学—实验 Ⅳ．①B844.11-33

中国版本图书馆 CIP 数据核字（2022）第 021095 号

图书意见反馈：gaozhifk@bnupg.com 010-58805079
营销中心电话：010-58806880 58801876

80 XIANG YINGYOU'ER XINLIXUE SHIYAN JI QISHI

出版发行：	北京师范大学出版社 www.bnupg.com
	北京市西城区新街口外大街 12-3 号
	邮政编码：100088
印　　刷：	北京溢漾印刷有限公司
经　　销：	全国新华书店
开　　本：	787 mm×1092 mm 1/16
印　　张：	13.25
字　　数：	242 千字
版　　次：	2022 年 10 月第 1 版
印　　次：	2022 年 10 月第 1 次印刷
定　　价：	48.00 元

策划编辑：罗佩珍	责任编辑：朱冉冉
美术编辑：焦　丽	装帧设计：焦　丽
责任校对：梁宏宇	责任印制：陈　涛

版权所有　侵权必究

反盗版、侵权举报电话：010-58800697
北京读者服务部电话：010-58808104
外埠邮购电话：010-58808083
本书如有印装质量问题，请与印制管理部联系调换。
印制管理部电话：010-58808284

序

　　婴幼儿的健康状况不仅影响着其一生的发展，也影响着家庭的和谐及国家的未来。婴幼儿健康成长，是为人父母的殷切期望，更是全社会的共同使命。党中央和国务院高度重视婴幼儿照护服务事业的发展。党的十九大报告在保障和改善民生的蓝图中特别加入了"幼有所育"的新要求；2019年国务院办公厅出台的《关于促进3岁以下婴幼儿照护服务发展的指导意见》明确提出，"3岁以下婴幼儿照护服务是生命全周期服务管理的重要内容，事关婴幼儿健康成长，事关千家万户"。无论是个体健康成长的需要、父母的期望，还是社会的广泛关注、党和国家的高度重视，都对研究婴幼儿发展提出了迫切的要求。那么，婴幼儿的发展遵循何种规律，受哪些因素的影响，对科学教养有怎样的启示？深入研究和掌握婴幼儿发展的特点与规律是实施科学保育、实现高质量照护的关键前提，而心理学实验是客观揭示婴幼儿身心发展规律的科学方式。因此，本书旨在从婴幼儿心理学实验的视角，科学、客观地呈现婴幼儿的发展特点与规律，并有针对性地探讨其教育启示。

　　心理学发展历史表明，实验是揭示人类心理本质和规律、解开人类心理奥秘的一种客观的、有效的方法。儿童心理学一直有实验研究的传统。数百年来，研究者围绕个体身心发展进行了大量实验，揭开了婴幼儿身心发展的神秘面纱。时至今日，研究者仍热衷于采用实验的方式揭示当代婴幼儿身心发展的特点，考查新时代背景下影响婴幼儿发展的因素。无论是经典的，还是新近的婴幼儿心理学实验，它们都客观地揭示了婴幼儿发展的奥秘，为婴幼儿教养提供了可参考的实证依据。通过这些构思精巧的实验，婴幼儿心理发展的黑箱得以层层揭开，心理规律得以发现，婴幼儿教育得以科学实施。然而，纵观儿童心理学实验的相关书籍，我们发现，当前针对婴幼儿心理学实验的书较少。家长、一线教育工作者及理论研究者十分期待一本专门针对婴幼儿心理发展实验的书。

　　本书分为六章，以婴幼儿发展为主要线索，精心挑选了80个具有代表性的心理学实验，涉及婴幼儿身心发展的多个领域及其影响因素。有些实验从现在来看是有悖于当前研究伦理的，但本书只是通过客观介绍实验来揭示婴幼儿发展过程的关键特点及教养启示。

第一章婴幼儿感知觉与动作发展，主要围绕婴幼儿视觉、听觉、嗅觉、动作与身体运动多个方面，精选了视崖实验、辨别生母气味实验、婴儿大小恒常性实验、婴儿行走训练实验等15个实验，呈现了婴幼儿感觉、知觉和动作发展的奥秘及教养启示。

第二章婴幼儿注意与记忆发展，筛选了注意控制实验、内隐记忆实验、客体永久性实验等8个实验，主要揭示了婴幼儿在注意识别、注意控制、记忆发展、记忆策略等方面的发展特征，提出了相应的教养策略。

第三章婴幼儿语言与思维发展，旨在解释婴幼儿语言习得、语言表达、思维发展等方面的关键特点，具体包括婴幼儿语言习得实验、皮亚杰系列守恒实验、类比推理实验等15个实验，并基于实验结果介绍了婴幼儿教养的建议。

第四章婴幼儿情绪情感发展，涉及婴幼儿社会性微笑、生气、恐惧、依恋等情绪的发生发展，婴幼儿情绪理解与表达能力的发展等，如母亲静止脸实验、儿童情绪理解能力实验、陌生情境实验等9个实验，探讨了婴幼儿情绪情感的神秘变化及相关培养策略。

第五章婴幼儿自我与社会性发展，从婴幼儿自我意识、自我控制、观点采择、心理理论等自我层面，和婴幼儿攻击性行为、亲社会行为、观察学习等社会性发展层面出发，包括延迟满足实验、观察学习实验等19个实验，主要呈现了婴幼儿从自我走向社会这一过程中的发展特点及其教育启示。

第六章婴幼儿发展的影响因素，通过14个实验(如双生子爬梯实验、父母教养方式实验等)，系统分析了遗传、环境、教育、家庭、游戏、早期干预等对婴幼儿发展的影响，为教养者如何培养身心健康、人格健全的婴幼儿提供了科学借鉴与启迪。

为了增强本书的可读性，使专业的心理学实验和理论变得通俗易懂，本书中的每一个实验均包括两大模块：①实验介绍——对该实验的背景、实验设计、实验结果进行清晰说明和呈现，帮助读者全面了解该实验的主要目的和结论，获知婴幼儿发展的科学规律；②教育启示——对实验所揭示的心理学理论知识进行提炼，总结出适宜的、明确的教育建议，引导读者理论联系实际，真正从心理学实验中获得指导婴幼儿发展与教育的启示。

本书的编写主要有以下三个特点。第一，经典性与前沿性相结合。本书精选婴幼儿身心发展各领域中具有代表性的经典性与新近实验项目，力求汇集近百年来婴幼儿发展研究成果，把握婴幼儿发展的研究前沿，准确反映婴幼儿身心发展的特点及其发展规律，帮助读者充分认识和思考婴幼儿的身心发展特点。第二，理论性与实践性相结合。本书在体系安排上将理论与实践相结合，把实验介绍与教养启示相联系，在详细介绍实验过程与结论的基础上，还精心设计了"教育启示"方面的内容。这一编排既向读者传递了婴幼儿身心发展的理论知识，为读者理解婴幼儿身心发展实质提供了生动的证据，又明确了实验所揭示的婴幼儿教养启示，为婴幼儿科学教养指明方向。第三，世界性与民族性相结合。基于国际视野，本书详细介绍了国外多项经典的和最新的婴幼儿实验，揭示了国际公认的婴幼儿心理发展规律与特点，体现了婴幼儿心理学实验的广泛适用性。同时，本书也反映了我国婴幼儿研究领域的发展水平，呈现了基于中国婴幼儿心理发展实际的实验成果，如筷子使用技能实验，充分揭示了中国社会文化背景下婴幼儿的身心发展规律。

感谢本书中所收录的实验的所有研究者为我们呈现了一个个揭示婴幼儿心理发展奥秘的经典实验！本书的出版得到了国家社科基金重大项目"全面二孩政策下城市地区 0～3 岁婴幼儿托育服务体系研究"（项目批准号：17ZDA123）的资助，也得到了北京师范大学出版集团罗佩珍老师的大力支持与帮助，在此一并表示感谢！

本书不仅适用于幼儿保育、早期教育、学前教育、婴幼儿托育、婴幼儿托育服务与管理、婴幼儿发展与健康管理等职业院校和专本科培养院校相关专业的人才培养，而且适用于托育机构、早教机构、幼儿园等婴幼儿照护服务机构专业人员在与婴幼儿互动和保育照顾中参考借鉴，同时也适合作为婴幼儿照护相关人员的培训参考书，以及家庭日常照护的养育指南。由于编者水平有限，书中难免存在不足之处，敬请广大专家、同行和读者不吝指正。

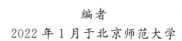

序

编者
2022 年 1 月于北京师范大学

目　　录

第一章 婴幼儿感知觉与动作发展

一、视崖实验

（一）实验介绍

深度知觉是个体判断自身与物体之间或物体与物体之间距离的一种能力，对理解环境布局及引导运动型活动具有重要意义。美国心理学家吉布森和沃克（E. L. Gibson & R. D. Walk）于1960年进行了视觉悬崖（visual cliff，简称视崖）实验，该实验使用视觉装置考查婴幼儿深度知觉发展的特点。[①]

1. 实验设计

（1）实验对象

36名6～14个月大的婴幼儿及其母亲。为了比较人类与动物的深度知觉能力，也对一些动物进行了视崖实验（没有母亲的招手吸引）。实验者把这些动物（包括小鸡、小海龟、小老鼠、小绵羊、小山羊、小猪、小猫和小狗）放在视崖的中间地带，观察它们是否能区别"浅滩"和"深渊"，以避免摔下"悬崖"。

（2）实验准备

视崖实验的装置是一张可调节高度的桌子，桌子边缘有护栏，桌面上有一块透明的厚玻璃。桌子的一半有格子图案（被命名为"浅滩"），另一半没有图案，但玻璃下方的地板上有图案（被命名为"深渊"）。在"浅滩"和"深渊"的中间是一块0.3米宽的中间板。在"浅滩"边上，图案垂直降到地面，虽然从上面看是直落到地的，好像"悬崖"，但实际上有玻璃贯穿整个桌面，如图1-1所示。

（3）实验程序

首先，将视崖的深度设置为25厘米。把婴幼儿放在中央板上，让他们的母亲分别在"浅滩"和"深渊"两边招呼孩子，诱导其爬向母亲身边。当婴幼儿爬行到"深渊"和"浅滩"的边界时，观察其行为。对于没有爬行能力的婴幼儿，记录其心率。其次，将视崖的深度设置为1米，具体程序同上。

[①] Gibson，E. J.，& Walk，R. D.，"The 'Visual Cliff'"，*Scientific American*，1960，202(202)，pp. 64-71.

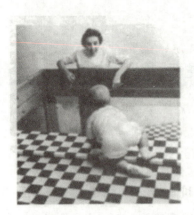

图 1-1　视崖实验装置

资料来源：Gibson & Walk，1960。

2. 实验结果

（1）实验结果测评标准

当婴幼儿爬行到"深渊"边界时，不朝母亲方向爬，而是朝远离母亲的方向爬或者哭叫，这表明婴幼儿有了深度知觉。对没有爬行能力的婴幼儿，测量其心率变化。心率减慢，表明婴幼儿把视崖作为一种好奇的刺激；心率加快，表明婴幼儿产生害怕情绪。上述两种反应都表明婴幼儿具有深度知觉。

（2）实验结果报告

婴幼儿测试结果。在"浅滩"实验时，9名婴幼儿拒绝离开中间板。另外27名婴幼儿，当母亲在"浅滩"一侧呼唤他们时，都爬过中央板并穿过玻璃朝母亲爬去；然而当母亲在"深渊"一侧呼唤他们时，大部分婴幼儿拒绝穿过视崖，或远离母亲爬向"浅滩"一侧，或因不能到母亲那里而大哭起来，只有3名婴幼儿极为犹豫地爬过视崖的边缘。通常婴幼儿能透过"深渊"一侧玻璃注视下面的"深渊"。一些婴幼儿用手拍打玻璃，虽然这种触觉使他们确信玻璃是坚固的，但他们还是拒绝爬过去。实验结果表明，婴幼儿能感知到视觉悬崖的存在，具备深度知觉能力。

研究者用真实的物体向婴儿（8周）靠近，结果发现婴儿有三种反应：①睁大眼睛；②缩头；③将手移到脸与趋近物之间。此外，新生儿一出生就向母亲胸部"过分热情"地靠近，产生距离判断和采取躲避的行动。后有研究认为，人类深度知觉能力是后天习得的。因为研究中所有婴幼儿至少已经有了6个月的生活经历，在这段时间内，他们可能通过尝试和错误体验而有了深度知觉。考虑到6个月以下的婴儿由于不具备自主运动的能力，不能接受实验，所以吉布森和沃克用各种动物作为实验参照。众所周知，大部分动物获得自主活动的能力比人类婴幼儿要早得多。

动物测试结果。不同种类动物深度知觉能力的发展与它们的生存需要有关。小鸡出壳后就马上自己觅食。研究者将出生不足 24 小时的小鸡放在视崖上，结果表明它们从不会犯跌下"深渊"的错误。小山羊和小绵羊在出生后很快就可以站立、行走。从能站立的那一刻起，它们也没有拒绝走向"深渊"。小老鼠对"浅滩"没有表现出明显的偏好。这是因为小老鼠对视觉依赖性不大，视觉系统不发达，它们靠嗅觉寻找食物。所以当小老鼠被放在中间地带时，它们没有警惕"视崖"。对它们而言，深侧和浅侧的玻璃在感觉上没有区别，所以它们离开中间地带走向"深渊"和"浅滩"的概率相同。小猫也如小老鼠一般有触须，不过较依赖视觉。自从小猫能自主运动起，它们便具有极好的深度知觉能力。在视崖实验中成绩最差的是海龟。研究者选择的海龟是水栖类生物。事实证明，聪明的海龟知道它们并不是真的在水里，它们中 76％都爬到浅的一侧，但是也有 24％的小海龟"越过边界"爬向"深渊"。

吉布森和沃克指出，他们所有的观测结果和进化论完全一致。也就是说，所有种类的动物，如果它们要生存，就必须在能够独立行动时发展感知深度的能力。对人类来说，这种能力到 6 个月左右才会出现；对鸡、羊而言，这种能力几乎是一出生就出现的；对老鼠、猫、狗来说，这种能力大约是一个月时出现的。因此，实验者认为个体的深度知觉能力是天生的。

（二）教育启示

1. 父母学会适度放手，鼓励婴幼儿自主探索环境

视崖实验表明，婴幼儿已经具备了深度知觉能力，即婴幼儿能够意识到不同深度物体间的距离。深度知觉可以避免婴儿从床上、台阶上摔下来，减少意外，这也表明婴幼儿在一定程度上具备识别风险的能力。为此，父母有必要在安全范围内，鼓励孩子自主探索周围环境。例如，当婴儿学会爬行后，他们对探索未知领域充满了好奇，往往会自由地爬向他们感兴趣的角落。但是，有些父母担心孩子受伤，不愿意让孩子爬行；有些父母忧虑卫生问题，限制孩子活动。上述行为在父母看来是"爱孩子"的体现，但这不利于孩子感知觉的发展，阻碍了孩子接触世界的方式，影响了感知觉经验的积累。视崖实验启示婴幼儿父母，应该学会适度放手，充分认识婴幼儿自身的感知觉能力，鼓励婴幼儿自主探索周围环境。从心理上，父母应意识到婴幼儿在正常的发展水平上可以具备深度知觉的能力，相信婴幼儿能够在爬行过程中识别不同物体间的距离；从心态上，应该避免过度保护，学会让婴幼儿自由探索未知的世界。当然，婴幼儿尚处于个体发展的初始阶段，不完全具备自我保护的

能力。因此，父母的"放手"是适度的，是在安全范围内、成人陪伴下允许婴幼儿自由活动。

2. 提供多样化的生活体验，促进婴幼儿深度知觉的发展

视觉悬崖实验设计巧妙，有效地创设了深度知觉情境，使婴儿的深度知觉得到客观的测量。深度知觉是对立体物体或者两个物体前后相对距离的知觉。它能够使个体了解环境中各种物体的位置序列，从而引导个体的活动，在个体日常生活中非常重要。如果一个人深度知觉能力欠缺，将很难生活自理。因此，在婴幼儿深度知觉发展的关键期，父母应该根据婴幼儿的年龄特征，给予相应的环境刺激。父母可以通过丰富的新异刺激和生活体验帮助婴幼儿体验多彩的世界。第一，真实生活体验。父母可以带婴幼儿到大自然或在现实生活情境中有目的地观察，使他们能亲自体验到物体的实际大小与远近之间的关系。增进婴幼儿对不同情境的认知和体验，这能在一定程度上促进其深度知觉的发展。第二，游戏学习。父母可以检索资源，查到可以锻炼、发展婴幼儿深度知觉的游戏。当然，父母也可以设置游戏场景，通过摆放深度、远近不同的物体引导婴幼儿观察、识别不同物体间的差别。第三，经验传授。深度知觉的发展随年龄的增长会有一定的发展，在这个过程中父母应该提供适宜的刺激。对于具备一定能力的婴幼儿，可以给他们传授一些浅显的知识和生活技能。比如，哪些行为是比较危险的，哪些地方是需要注意的，如何注意一些常见的危险，等等。当然，由于婴幼儿的身体协调性还没有发育完全，最好还是不要让他们处于"悬崖"边的危险之中。

二、辨别生母气味实验

（一）实验介绍

嗅觉是人类的基本感知能力之一，其基本功能是对气味的识别。婴儿是在什么时候出现嗅觉的呢？他们更加偏好哪种气味呢？麦克法兰(J. A. Macfarlane)在1977年使用实验方法考查了婴儿对母亲气味的偏好。[①]

1. 实验设计

（1）实验对象

20名出生2天和6天的婴儿。

---

① [美]Shaffer, D. R. , & Kipp, K. :《发展心理学：儿童与青少年》(第9版)，邹泓等译，144页，北京，中国轻工业出版社，2016。

（2）实验准备

每名婴儿亲生母亲的和奶妈的哺乳垫。

（3）实验程序

研究者让婴儿的亲生母亲和奶妈在给婴儿喂奶的时候戴着哺乳垫（这种棉垫能够吸收喂奶过程中乳房产生的奶味和气味）；让刚出生2天和6天的婴儿躺在床上，在他们头两侧分别放上亲生母亲和奶妈的哺乳垫；观察婴儿对两种气味的偏好。

2. 实验结果

（1）实验结果测评标准

麦克法兰采用了偏爱方法（the method of perference）对婴儿的气味辨别能力进行了测验。该方法的基本理论假设是：如果在婴儿面前同时呈现两个可供选择的刺激，在不考虑两个刺激空间位置的情况下，如果他们更多地选择看向其中的一个，则说明婴儿偏爱这个刺激，即表明婴儿能够对两个刺激进行区分，或知道两个刺激的不同。

（2）实验结果报告

从总体上看，婴儿明显偏爱自己母亲的哺乳垫。20名婴儿中有17名在母亲的哺乳垫和奶妈的哺乳垫之间更多地转向了母亲的哺乳垫。

但从发展的角度来看，出生2天的婴儿对两只哺乳垫没有表现出偏爱的行为；出生6天的新生儿则表现出了明显的偏爱行为，而且在8～10天时表现得最为明显。这表明婴儿在出生一周的时间里就已经学会了辨别母亲独特的气味，而且，跟其他哺乳过他们的女性相比，他们更喜欢亲生母亲的气味。

（二）教育启示

1. 通过嗅觉增加婴幼儿与母亲之间的依恋关系

从实验结果来看，出生一周的婴儿对自己的母亲便具有天生的偏爱。这种对母亲无条件的、自然的喜爱，也是婴儿与母亲保持依恋关系的方式。嗅觉是婴幼儿重要的感觉之一，也是最基本和最简单的心理过程。嗅觉是在个体发展中较早出现的认知活动。通过嗅觉，婴幼儿闻到母亲身上特别的气味，而这种气味是母亲特有的，属于母亲的一部分，因此婴幼儿通过感受到的母亲气味方面的特征，建立对母亲的最初感受。嗅觉信息可以让婴幼儿通过嗅觉来认识自己的母亲，获得心理的安全感，帮助婴幼儿与母亲建立良好的依恋关系。因此，在婴幼儿出生后的前几周，母亲应该与他们保持亲密的接触，让他们熟悉母亲的气味，增强他们对世界的安全感、信任感，建立温暖、稳定的依恋关系。在这一过程中，母亲应该保持干净卫生，让孩子接触到干净无害的、来自母亲的气味。同时，避免过于刺激性的气味干扰婴幼儿对母亲气味的感知。在特殊情况下，即使母亲短时间远离婴幼儿，也可以通过把有自己气味的物品放在婴幼儿身边，给予婴幼儿一定的安全感。

2. 多种方式促进婴幼儿嗅觉的发展

嗅觉是婴幼儿从周围世界捕捉信息的重要方式，母亲的气味可以告诉他们周围是熟悉的环境，让他们感到安全和舒适。母乳、食物的香味会让他们高兴，陌生的气味会让他们害怕。虽然随着其他感觉器官的发展，嗅觉的作用逐渐下降，嗅觉的敏锐度也会随之下降，但嗅觉在个体发展早期乃至终身发展中的作用仍旧很大。为了保持婴幼儿的嗅觉能力，父母可以在孩子两岁左右开始教他们辨别各种气味，引导他们通过多种方式认识世界，感知环境。发展婴幼儿嗅觉能力的方式有很多。例如，可以在吃东西前让他们先闻一闻，并告诉他们这是什么气味，使婴幼儿对气味的记忆更加深刻。随着婴幼儿年龄增加以及对气味日益熟悉，可以让他们通过气味猜食物。例如，在"闻香识物"游戏中，让婴幼儿通过物体的气味分辨食物，并在他们回答正确时给予口头或物质奖励，及时强化他们对不同气味的感知。

三、跨通道知觉实验

（一）实验介绍

跨通道知觉是婴儿能够通过一种感觉通道（如触觉）获得信息，从而推断出另一种感觉通道（如视觉）刺激物或形式的能力。将看到、摸到、闻到或用其他探索方式获得的信息整合到一起，能够帮助刚开始理解或探索事物的婴儿更好地认识世界。1970 年，托马斯·鲍威尔（Thomas Bower）通过实验来探究婴儿跨通道知觉发展。[①]

1. 实验设计

（1）实验对象

出生 8～31 天的婴儿。

（2）实验准备

特制的婴儿护目镜。

（3）实验程序

鲍威尔及其同事在类似肥皂泡的情境中研究了婴儿的反应。被试是出

---

① ［美］Shaffer, D. R. , & Kipp, K. :《发展心理学：儿童与青少年》（第9版），邹泓等译，153 页，北京，中国轻工业出版社，2016。

生8～31天的婴儿，他们都能看清一个手臂距离内的物体。在研究中，被试都带着特制的护目镜。实际上，实验中出现的虚假物体是利用投影技术制造出来的幻觉。婴儿伸手抓的时候根本感觉不到任何东西。

2. 实验结果

(1)实验结果测评标准

婴儿是否会伸手抓实验中的幻影，以及他们抓时的反应。

(2)实验结果报告

鲍威尔及其同事发现，婴儿的确会伸手抓这些东西，而且会在抓不到的时候沮丧地哭。他们认为婴儿视觉和触觉是互相关联的。婴儿希望去感觉那些他们看到和摸到的物体，而视觉和触觉的不一致让他们不高兴。

这一实验结果可以用感觉间冗余假设进行解释。感觉间冗余假设认为，对一个刺激的整体察觉有助于个体感觉能力的发展和分化。这是指，对某刺激物多中心的感觉能够吸引婴儿的注意，通过与刺激物的互动，他们就能够获得关于该刺激物的不同信息，而这又将丰富个体的各种感觉形式。因此，婴儿知觉系统的发展得益于整体察觉状态，即从外界输入的各种感觉信息被作为一个整体进行知觉；多种感觉共同作用，即婴儿可以将外界输入的信息分解成声音、画面、气味等要素。例如，同时运作视觉及听觉能力，婴儿会很容易察觉到一只蜷作一团、喵喵叫的小猫。当婴儿边看边听的时候，听觉和视觉信息会和他发展中的感觉能力——视力和听力——相互作用，这样他才能够听得更准确，看得更清楚。如果小猫没有发出声音，那么婴儿将很难区分听觉和视觉的输入信息。

根据感觉间冗余假设，我们可推测，激发型跨通道知觉会促进知觉能力的分化。从这个意义上来讲，新生儿与6个月大的婴儿的跨通道知觉会有很大的不同。在刚出生的时候，新生儿的感知觉是整体化的，或者说是未分化的。随着月龄增加，婴儿将学会运用多种形式知觉刺激物，从而发展出真正的跨通道知觉。换句话说，当婴儿学会看、听、问和感觉时，他们才能够分辨各种不同的感觉信息，然后再将这些信息整合起来。

(二)教育启示

1. 多种方式灵活促进婴幼儿跨通道知觉发展

婴幼儿跨通道知觉能力的发展随着其年龄发展逐渐成熟化。虽然新生儿没有出现跨通道知觉，但已经出现跨通道知觉发展的萌芽，且随着年龄增长该能力迅速发展。父母可以在养育过程中有针对性地促进婴幼儿跨通道知觉能力的发展。第一，给予婴幼儿接触多种刺激的机会，发展婴幼儿多种感知觉。跨通道知觉是对各种不同感觉信息的整合，其发展的基础是对各种感觉的顺利掌握。父母可以提供多种活动机会和多样刺激物，丰富婴儿听、看、摸等多种感知事物的机会，促进婴幼儿多种感知觉发展。第二，结合不同感知觉，促进婴幼儿跨通道知觉发展。在日常生活中，父母可以结合两种或多种感觉引导婴幼儿实现跨通道知觉的获得。例如，当婴幼儿听到声音时，可以告诉婴幼儿发出声音的物体。随着婴幼儿年龄的增加，可以通过一种感觉信息让婴幼儿猜测另一种感觉信息。比如，给婴幼儿听"喵喵喵"的声音，让婴幼儿猜相应的动物。

2. 保持感知觉一致，营造良好的养育环境

由于视觉与触觉不一致时婴儿会感到难过，因此在对婴幼儿进行抚养过程中应该注意使婴幼儿看到的和听到的保持一致。例如，在婴幼儿接受母乳喂养以及日后与父母进行沟通交流时，父母尤其是母亲需要注意保持语言、面部表情等多方面情绪表露的一致性，通过柔和的声音、亲切的表情给婴幼儿舒适安全的情感体验。此外，父母在日常教养中需要注意自身的言谈举止，切忌言行不一、口头欺骗等行为。例如，为了让婴幼儿顺利吃药，父母把冲剂放在婴幼儿平日喜欢的饮料瓶中。虽然这种误导的方式可以帮助婴幼儿暂时顺利吃药，但并非明智之举。这种行为容易引起婴幼儿对所喜欢饮料视觉信息和味觉信息的感知混乱。挑战婴幼儿自身对事物的感知觉，并不利于他们跨通道知觉的发展。

四、视觉偏好实验

(一)实验介绍

在大多数人的印象中，鲜亮和带着声音的玩具更能吸引婴儿的注意。婴幼儿视线的追随是否存在一定的规律？这一问题引起了一大批心理学家的好奇，其中范兹(R. L. Fantz)在 1961 年通过一系列实验，用科学的手段对 0～2 个月的婴儿的视觉偏好进行了探究。[①]

1. 实验设计

(1)实验对象

出生 4 天～2 个月的婴儿。

① Fantz，R. L.，"Visual Perception from Birth as Shown by Pattern Selectivity"，*Annals of the New York Academy of Sciences*，1965，118(21)，pp. 793-814.

（2）实验准备

为了避免在逗引婴儿时难以及时记录婴儿的注视时间，以及无法判断婴儿究竟是对逗引者的玩具感兴趣还是对他那些可笑的表情感兴趣，范兹在实验之前准备了特制的实验小屋（如图1-2所示）。小屋里安置着一张小床，让婴儿躺在小床上，小床放置的位置使婴儿的眼睛可以看到挂在头顶上方的物体。范兹还在小屋的顶部开了个窥测小孔，这样他可以在小屋的顶部观察到婴儿的各种反应。他还可以不断更换屋顶悬挂的物体，仔细观察婴儿对物体的注视情况，并用秒表记录婴儿注视物体所花费的时间。

图1-2　视觉偏好实验装置
资料来源：Fantz，1965。

（3）实验程序

婴儿躺在一个观察箱里，实验者给婴儿同时呈现一个面部图案，一个含有混杂的面部特征的似面部刺激的图案，以及一个半明半暗的类似面部的简单视觉刺激图案（如图1-3所示）。实验者在观察箱上方进行观察，并记录婴儿注视每个视觉图案的时间。

A　　　　　　　　B　　　　　　　　C

图1-3　视觉偏好实验图案
资料来源：Fantz，1965。

2. 实验结果

（1）实验结果测评标准

通过婴儿注视物体所用的时间来判断婴儿早期能否判断不同的形状和颜色，以及婴儿更喜欢看什么类型的图案。

（2）实验结果报告

图1-4实验结果表明，婴儿早期能够轻松地分辨视觉图形，而且对有混杂面部特征的视觉刺激和正常人的面孔一样感兴趣。婴儿觉察并分辨图案的能力是天生的，但他们不能完全将人的面孔看作有意义的轮廓。

后继研究发现，婴儿更喜欢看有明暗对比、有明显分界线及有弧线的复杂图案。因为面孔和特征复杂的似面孔图案的对比度、弧度和复杂程度相同，所以婴儿会对这两个图案表现出同样的兴趣。

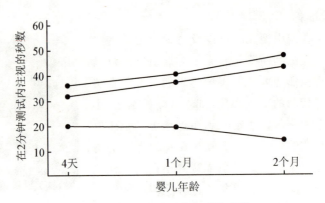

图 1-4　不同年龄注意图形的秒数

（二）教育启示

1. 运用丰富的表情与婴幼儿互动

范兹的婴儿视觉偏好研究结果表明，婴儿对人脸有着特殊的偏爱。在日常生活中，家长可以根据婴幼儿的视觉偏好特点，有目的、有针对性地加以引导，提高他们的视觉感受能力，增强他们的注意力、记忆力等多种能力。在养育婴幼儿的过程中，家长可以借助丰富的表情与婴幼儿互动，促进婴幼儿多方面发展。第一，在与婴幼儿交流时，家长可以用丰富变化的面部表情吸引婴幼儿注意，增加婴幼儿兴趣。家长在照护婴幼儿时，尽量让婴幼儿看到照护者的面部，通过面部增强婴幼儿对照护者的熟悉度，给予婴幼儿安全感、信任感。第二，家长可以通过微笑等表情，吸引婴幼儿注意，引导婴幼儿关注有意义的事物或者尝试有价值的活动。例如，在学习走路时，家长尤其是妈妈可以通过微笑的表情吸引幼儿尝试迈开步伐。第三，依据婴幼儿年龄，家长可以给婴幼儿展示喜、怒、哀、乐等不同表情，通过游戏的方式让婴幼儿理解不同情绪的面部表现。

2. 为婴幼儿成长创造丰富的视觉环境

视觉偏好现象也对家长为婴幼儿创造更好的生活环境有积极的意义。婴幼儿偏爱对比鲜明、线条复杂的图案，因此家长可以依据上述刺激特点为婴幼儿创造丰富的视觉环境。第一，家长可以提供颜色鲜艳、花样繁多的玩具，吸引婴幼儿的注意。同时，为丰富婴幼儿的感知觉，可以提供图案丰富、带有声音、可触摸的玩具，在吸引婴幼儿视觉注意的同时，增加婴幼儿听觉、触觉的经验积累。第二，家长可以定期更新环境和玩具来调动婴幼儿兴趣。感知觉不是被动地接受环境刺激，而是具有选择性的心理机能。婴幼儿的视知觉也一样，他们不喜欢总看陈旧的刺激物。家长可以适时地变换他们的视觉环境，以满足他们对刺激物新异性的要求。需要注意的是，婴幼儿对那些既熟悉又有些新异的东西更感兴趣。因此，生活环境不易过快变化或发生巨大变化。家长可以给婴幼儿定期更换部分新的玩具。第三，家长需要注意合理放置材料。为了避免造成斜视或偏头，家长需要适当变换悬挂或粘贴图像的位置。

五、视听觉不一致实验

（一）实验介绍

视听觉不一致实验是阿伦森（Aronson）和罗森布鲁姆（Rosenbloom）于 1971 年所做的实验。实验的目的是判断婴儿是否是在某种普遍的视觉听觉空间内才具有感知事物的能力的。如果婴儿普遍拥有这种能力，那么他们应该能够注意到空间内部信息的不一致。[①]

1. 实验设计

（1）实验对象

8 个出生 30～55 天的婴儿，平均年龄是 41 天。所有的婴儿都是足月出生的，且被分娩时没有用过药物治疗。

（2）实验准备

婴儿坐在特制的椅子上面，这种椅子能够最大限度地承载他们的身体，任由其手脚自由活动。婴儿的座位直接面对一扇 76 厘米×101 厘米的窗户，透过窗户他们能够看到妈妈坐在旁边的屋子里。妈妈的声音是通过立体声放大系统传递到婴儿所在的房间内的。两台扩音器放置在据婴儿 101 厘米远的地方，与婴儿的两侧各成 90°，且与婴儿的距离相等。一名实验者站在婴儿的正后方。另一名实验者则在母亲所在的房间，控制两台扩音器之间的音量平衡。婴儿的母亲透过窗户站在婴儿的正前方，母亲的脸部与婴儿脸部的距离约为 60 厘米。在实验全程中母亲都站在固定的位置。立体声放大系统的声音强度设定在这种距离之上的普通谈话时声音的响度，并且当立体声放大系统未连接启用时，这种强度的声音是无法传到另一间屋子里的。母亲身后以白色窗帘为背景，头顶正上方有一盏投光灯。

（3）实验程序

实验是在不间断的两个阶段中进行的。阶段一，母亲对婴儿说话时，两个

---

① ［美]Shaffer, D. R., & Kipp, K.：《发展心理学：儿童与青少年》(第 9 版)，邹泓等译，153 页，北京，中国轻工业出版社，2016。

扩音器的声音是平衡的。对于婴儿来说，声音就来自母亲所站立的位置，即窗户的正中间。阶段二，两个扩音器的声音设定有所差别，其中一个的声音完全盖过另一个，占据支配地位。因此，对于婴儿来说，母亲的声音出现在婴儿左侧或右侧90°的地方。在实验之前，4名成人观察员闭着眼睛处在婴儿在实验中的位置上对声音的方向进行了检验，并且确认阶段一中的声音的定位在正前方，阶段二中声音的定位在左右两侧90°的方向。

在阶段二，占据声音支配地位的扩音器会从其中一个转移到另一个，而这种转移是在谈话的停顿中完成的，以避免声音运动效果的影响。阶段一的持续时间为2分钟或者5分钟，4名婴儿被随机分派到2分钟或者5分钟的实验里。如果在阶段一开始的一分钟里婴儿表现出了强烈的心不在焉、不安或者沮丧的情绪，实验终止。在一分钟之后，整个过程将被拍摄下来为后续的分析所用。视频录制制式为每秒12帧。在整个实验中，母亲将以日常生活的方式对婴儿说话，内容随意，没有经过事先准备。

2. 实验结果

(1)实验结果测评标准

观察记录婴儿在阶段一和阶段二的行为、情绪以及舌头的动作等反应。

(2)实验结果报告

在整个阶段一中，婴儿表现出镇定和放松的情绪。除了对母亲视线的定位之外，并没有对母亲的交流展现出明显的反应。然而，在阶段二开始的15~25秒，婴儿的行为发生了显著的改变。婴儿开始表现出焦虑和不安的迹象，如手臂、腿部和躯体表现出挣扎动作，口中发出较为浑厚的声音，并且表情扭曲。通常婴儿会向窗户的方向有踢蹬的动作。3名婴儿在椅子上努力使自己向前移动，实验者立刻抱回婴儿把他们重新放到原来的位置上。然而，这3名婴儿开始哭泣，并且引起了另外3名婴儿的注意。超出预想的是，当婴儿的注意从窗户那边被玩具吸引时，他们立刻恢复了平静。随后，尽管实验者恢复到阶段一的实验环境，但是婴儿并不能再次回到面对母亲时的初始位置，并且表现出更加痛苦的情绪。

在实验过程发生转变的时刻，婴儿的痛苦反应显得有些怪异。除了一名婴儿，其他婴儿都表现出十分明显的反应，即突然发出低沉的声音。这种声音发生于婴儿的舌头上，他们的舌头在噘着的嘴唇之间凸出，有时会向两侧或者向上卷曲。通常婴儿在进行这种行为时，眼睛仍然注视着他们的母亲。通过视频，实验者对婴儿舌头的动作逐帧进行计分。如果婴儿的舌头在嘴唇之间凸出，则对应这一帧计一分。实验者以实验阶段一向阶段二的转变为节点，在这个节点之前和之后分别截取了 45 秒的时长进行计分统计。实验中的一名婴儿由于焦虑引起头部大幅度频繁转动，使得摄像机没有捕捉到其部分的舌头动作，因此对这一部分的分析不计入该婴儿的数据。其余 7 名婴儿的统计结果如图 1-5 所示。需要注意的是，阶段二开始后的 20～30 秒，婴儿的反应是最为明显的。在阶段一向阶段二转变之前的 45 秒的时长里，舌头的平均动作计分为 12.3，而转变之后的这一数据为 60.1。

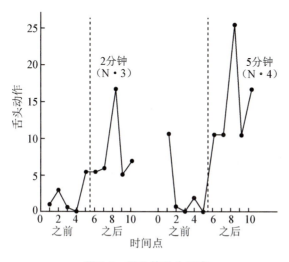

图 1-5　婴儿的舌头反应

　　为了确认婴儿的反应是由视听觉的不一致而不是由声音所在位置的移动引起的，实验者观察了另外 4 名婴儿的反应。这些婴儿年龄在 28～56 天，全部参与了同样程序的实验。唯一不同之处在于，这些婴儿在实验中看不到他们的母亲。母亲站在幕布的后面，母亲对婴儿说话时他们完全看不到母亲。声音所在的位置和强度与初始实验相同。两名婴儿都参与了 2 分钟时段和 5 分钟时段的实验。实验者拍摄了整个过程，并且对婴儿的舌头动作进行计分。

　　婴儿全程都保持平静，并且对母亲声音位置的横移没有表现出明显的反应。阶段一向阶段二转变之前的 45 秒的时长里，平均的舌头动作得分为 15.5，转变之后为 20.8。

　　实验观测了另外 3 名婴儿的反应，以判定这种效果的产生是否受到婴儿对说话者熟悉程度的影响。因此，一名女性实验助手代替婴儿母亲并且重新开始上述实验过程。两名婴儿参与到 2 分钟的阶段一实验，另一名婴儿则参与到 5 分钟的阶段一实验。3 名婴儿都在声音转移后表现出不安或痛苦，声音转变前后的平均舌头动作计分分别为 8.1 和 50.6。

实验表明，出生 30 天左右的婴儿能够在普遍空间里感知到听觉和视觉信息，感知上的不一致会引起婴儿焦虑和沮丧。在婴儿的感知世界里，说话者和声音在空间中应该是统一的，因此空间的错位强烈地违背了婴儿对世界的感知。

（二）教育启示

1. 重视视听不一致给婴幼儿情绪带来的影响

视听觉不一致实验说明，1～2 个月大的婴儿在看到母亲却没有从相同方向听到母亲的声音时，会感到紧张、焦虑。因此，照护者尤其是母亲在养育婴幼儿的过程中应该营造视听一致的养育环境，给予婴幼儿安全感。婴儿在出生后不久就会对其主要照护者尤其是母亲产生依恋情结，照护者需要通过细心照护帮助婴儿建立安全型依恋模式。

2. 为婴幼儿创造视听一致的环境，帮助其获得安全感

照护者要主动为婴幼儿创造视听一致的环境，使婴幼儿能够接收到视听双重刺激。照护者在与婴幼儿互动时，尽量保持视听一致，给予婴幼儿多感觉需要，帮助其获得安全感。照护者应该避免婴幼儿面临视听不一致的情况。例如，在婴幼儿没有看到母亲的面孔时，母亲就跟婴幼儿进行语言互动。在养育婴幼儿的过程中，照护者应该减少这种情况的出现，尽量保证在和婴幼儿说话时，也看着婴幼儿，保证婴幼儿同时获得视觉、听觉两种信息。

六、婴儿大小恒常性实验

（一）实验介绍

大小恒常性（size constancy）是指不管物体离眼睛的距离多远，及其在视网膜上成像的大小如何变化，都能够认识到物体的大小不会变化的知觉能力。美国心理学家鲍尔（T. G. R. Bower）在 1966 年对婴幼儿是否具有知觉物体大小的恒常性进行了探究。[1]

---

[1]　Bower，T.，"Heterogeneous Summation in Human Infants，" *Animal Behaviour*，1966，14(4)，pp. 395-398.

1. 实验设计

（1）实验对象

6～8 周的婴儿。

（2）实验准备

一个边长 30 厘米的正方体和一个边长 90 厘米的正方体。

（3）实验程序

当边长 30 厘米的正方体在距离婴儿 1 米的地方出现时，如果婴儿将头转向左侧就给予强化（母亲就叫婴儿的名字）。当婴儿完全形成反射后，便对婴儿进行测试。

实验操作过程如下：研究者在距离婴儿 3 米远的地方，呈现一个边长为 30 厘米的正方体和一个边长为 90 厘米的正方体。如果婴儿具备知觉大小恒常性，那么边长 30 厘米的正方体仍会引起婴儿的转头反应。如果婴儿不具备知觉大小恒常性，那些边长 90 厘米的正方体会引起婴儿的转头反应。这是因为边长 90 厘米的正方体放在 3 米远的地方和边长 30 厘米的正方体放在 1 米远的地方，两个正方体在视网膜上的成像大小相同。

2. 实验结果

（1）实验结果测评标准

实验采取了条件性转头法（the method of conditioned head turning）。该方法基于婴儿能够学会将某种反应与某种特定刺激联系起来这一事实。在严格控制实验条件和影响因素的基础上，研究者让婴儿形成看到一个特殊客体就转头的条件反射，然后改变使婴儿转头的客体，从而观察婴儿的反应变化。通过对婴儿转头的反应频率来判断婴儿是否具有知觉物体大小的恒常性。研究者设想，如果改变婴儿观看的客体，但婴儿对客体反应频率变化很小，表明婴儿仍把置换后的客体知觉为先前的客体。如果反应频率变化明显，那么则意味着婴儿把两种客体知觉为不同的客体。

（2）实验结果报告

结果发现，婴儿只对距自己 3 米远的边长 30 厘米的正方体做出转头反应，而对距自己 3 米远的边长 90 厘米的正方体没有产生转头反应。同样的积木被放在离婴儿不同的距离时，婴儿的转头反应频率变化不明显，这说明大小恒常性在 6 周的婴儿身上已经出现。当积木的位置发生变化，积木的大小在婴儿视网膜上发生变化时，婴儿仍把它看作同一个积木，如图 1-6 所示。

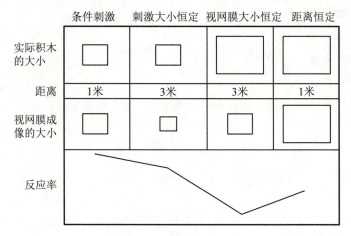

图 1-6　婴儿大小恒常性

（二）教育启示

1. 利用实物锻炼婴幼儿对大小的知觉

婴幼儿对大小的知觉能力具有惊人的敏感性和天然的潜力，但也与生理发展和日常生活经验密切相关。在比较熟悉的环境中，婴幼儿一般更容易感知到物体。各种熟悉的物体也提供了对象距离和实际大小等线索，这些线索与视觉、触觉、动觉等信息相结合，从而形成了对大小的知觉。因此，在养育婴幼儿的过程中，父母可以为婴幼儿提供多看、多摸、多感受的机会，充分锻炼婴幼儿多种感知觉的发展。父母需考虑婴幼儿尚未发展大小恒常性的特点，给婴儿提供大小适宜的玩具，让婴儿通过触摸形成对物体大小的实际感知能力，减少在其面前用物体对其进行忽远忽近的刺激，以免让婴幼儿感到不适。同时，在日常生活中，可以借助物体发展婴幼儿对大小的知觉。例如，对于一两岁的婴幼儿，可以让其抓握大小不同的物体，并引导婴幼儿感知、比较两个物体的大小。

2. 在游戏中发展婴幼儿对大小的知觉

游戏是婴幼儿获得经验的重要方式。通过游戏，婴幼儿可以在愉快的过程中获得新知，不断发展。婴幼儿对形状和大小这两种物体空间特性几乎是同时发展的，因此这两种空间能力的发展密不可分。所以，父母可以通过游戏，在发展形状知觉能力的基础上发展婴幼儿对大小的知觉能力。在婴幼儿一两岁时，父母可以让婴幼儿玩简单的拼图游戏。例如，将大小不同的木块拼成几何形状或者水果、蔬菜的形状，以发展婴幼儿对大小的知觉。

七、婴儿单眼深度线索实验

（一）实验介绍

深度知觉是判定物体与物体之间以及物体与我们之间距离的一种能力。它对我们理解环境的布局和指导运动性活动具有重要作用。当婴儿伸手去触摸物体时，他们很可能已具有一些关于深度的意识。在婴儿学会了爬以后，深度知觉能避免他们撞到家具上或者跌下楼梯。艾伯特·尤纳斯（Albert Yonas）和他的同事在1978年对婴儿单眼深度的发展进行了探究。[1]

1. 实验设计

（1）实验对象

5个月大和7个月大的婴儿。

（2）实验准备

如图1-7所示，一张45度角拍摄的窗户的图片。

图1-7　实验材料

资料来源：Yonas，1977。

（3）实验程序

研究者通过遮蔽单眼来探索婴儿对图片线索的敏感性。在实验中，研究者给婴儿看一幅倾斜的窗户的图片，图片与婴儿所坐平面成45度的夹角（图1-7）。窗户的右侧看起来（至少对成人来说）要比左侧离得近。观察婴儿摸左、右侧窗户的频率。

---

① Yonas，A. ，"Development of Sensitivity to Information for Impending Collision," *Perception & Psychophysics*，1977，21(2)，pp.97-104.

2. 实验结果

（1）实验结果测评标准

记录婴儿摸左、右侧窗户的频率。如果婴儿能够感知到图片线索，那么他们就很可能会误认为右侧窗户离得近而伸手去摸。但是如果他们没有感知到图片线索，那么他们伸手摸左、右侧窗户的概率便是一样的。

（2）实验结果报告

研究者发现7个月的婴儿伸手摸右侧窗户的频率更高，而5个月的婴儿则没有表现出明显的差异性。后续研究发现，婴儿在不同年龄会对不同的空间线索表现出敏感性。婴儿在刚出生时只表现出有限的大小恒常性，到1～3个月的时候能从运动线索（放大和其他运动的物体）中提取空间信息，3～5个月出现了双眼知觉，而6～7个月则有了单眼知觉（图示线索）。

（二）教育启示

1. 保护未获得单眼知觉的婴幼儿

根据实验可知，5个月大的婴儿尚不能够感知到图示线索，婴儿的单眼深度知觉尚未形成。因此，他们不能完全准确判断某件物品距离他们的远近。对于婴幼儿而言，5～7个月正是学习爬的关键时期，他们会对爬行产生极大的兴趣。在这一时期，父母要注意到婴儿单眼深度知觉尚未形成的特点，特别关注家庭中的环境布置，对婴儿爬行过程中可能出现的深度落差要予以铺平或者设置围栏，以防止婴儿摔伤。对于家中有棱角的和突出的家具，要注意用柔软的材料包裹，避免婴儿因深度知觉尚未形成而发生碰撞。

2. 培养婴幼儿单眼知觉发展

实验结果表明，婴幼儿单眼知觉随年龄增长而逐渐发展。6～7月大的婴儿已经具备了单眼知觉，即依靠单眼也可以感知物体间的距离。因此，在婴儿六七个月时，父母可以为婴儿单眼知觉的发展创造丰富的条件，培养、锻炼婴儿单眼知觉。例如，可以在家中放置一些类似倾斜的窗户的相关空间图片，引导婴儿关注图片，培养婴儿对不同深度空间线索的感知能力，发展婴儿对周围环境的适应能力。

八、婴儿声音识别实验

（一）实验介绍

自从一百多年前儿童心理学家普莱尔（W. Preyer）提出"婴儿刚刚生下来时都耳聋"的看法以来，关于新生儿何时有听觉的问题就引起了研究者的广泛讨论。但是，诸多实验已证实新生儿具备良好的听觉能力，且相比同期的视觉，听觉发展更胜一筹。德卡斯伯(DeCasper)在 1987 年对婴儿声音偏好进行了实验。[①]

1. 实验设计

(1)实验对象

10 名新生儿。

(2)实验准备

适合婴幼儿的耳机。

(3)实验程序

在母亲分娩后不久，对新生儿进行测试。母亲读一段话，实验者对其录音，时长为 25 分钟。测试在 24 小时内新生儿听到母亲声音是否有不一样的反应。实验者通过引导让新生儿放松警惕，处于一种安静的状态；然后将耳机固定在新生儿的耳朵上，在新生儿嘴上放一个奶嘴，并设置了录音设备。给予新生儿 2 分钟的时间来适应这个情况。在接下来的 5 分钟内记录新生儿吮吸的过程。

2. 实验结果

(1)实验结果测评标准

通过位数丛间间隔(IBI)来记录新生儿吮吸周期。

(2)实验结果报告

随机选择的 5 组新生儿，只有在听到母亲的声音后，吸吮一阵终止，IBI 值等于或大于基准值(t；$IBI \geqslant t$)；但当听到别人的母亲的声音时，则小于基准值($IBI < t$)。随后对其他婴儿进行测试。结果表明，婴儿对女性声音比男性声音呈现更加偏好的趋势。此外，婴儿对亲近的人（自己的母亲）的声音是更加偏好的，并能够识别母亲的声音。

(二)教育启示

1. 了解并尊重婴幼儿听觉发展规律

胎儿已经具备听觉功能，会在耳蜗底部接受低频声音。随着不断发育成熟，接受低频的部分渐渐移到耳蜗顶部，所以胎儿对低频声音比高频灵敏。随着脑干以及大脑皮质内的听觉区域结构逐渐形成髓鞘，婴幼儿听力逐渐变得敏感，有能力分辨语音中的细微差异。婴幼儿对高频声音持续增进，并开始建立听觉分辨和回馈，可以确定声音的来源，对声音产生记忆。应该注意词语的丰富性，促进婴幼儿语言的快速发展。

2. 通过语言刺激促进婴幼儿发展

实验结果表明，婴幼儿已经可以识别亲近的人，尤其是母亲的声音。尽管在初期婴幼儿可能无法在语言上与成人进行有效互动，但成人的语言能够帮助婴幼儿感受周围陌生世界的存在，形成自己的思维活动。为此，在日常照护中，父母可以通过语言回应婴幼儿的需求，与婴幼儿互动，给予婴幼儿安全感，增强婴幼儿对环境的感知，进而促进婴幼儿多方面发展。具体而言，照护者尤其是母亲可以和婴幼儿多说话，尤其注意保持积极的情绪。比如，给婴幼儿换衣服时，可以用语言提醒婴幼儿；当婴幼儿哭闹时，可以用语言及时平复婴幼儿的情绪。

九、婴儿味觉识别实验

（一）实验介绍

婴儿的味觉发展是儿童感知觉发展的重要方面。1970年，雅各·斯坦纳（Jacob Steiner）开始研究新生儿味觉，发现新生儿对味觉有明显的反应类型，即对甜味表现为面部放松、吸吮、偶尔微笑；对苦味则表现为嘴张大、皱眉、皱鼻、偏头避开味觉测试物；对酸味和咸味的反应则介于两种表现之间。1988年，罗森斯坦（Rosenstein）研究了新生儿对四种基本味觉（甜、咸、酸、苦）的反应。[1]

1. 实验设计

（1）实验对象

12名新生儿。

（2）实验准备

实验材料包括白水、蔗糖（甜水）、柠檬酸（酸水）、盐酸小檗碱（苦水）、氯化钠（咸水）。此外，罗森斯坦等开发了婴儿面部运动单位编码系统 Baby FACS 来量化婴儿反应。Baby FACS 在解剖学的基础上，将婴儿面部表情分解为可分辨的最小运动单位，以婴儿面部运动单位出现频数评价婴儿面部表情。

（3）实验程序

实验在新生儿出生后90分钟于室温28℃的产房中进行。在新生儿安静状态下30秒内将0.2毫升味觉溶液注于新生儿舌头表面的中心部位，观察新生

① Rosenstein，D.，& Oster，H.，"Differential Facial Responses to Four Basic Tastes in Newborns，"*Child Development*，1988，59(6)，pp. 1555-1568.

儿的表情。随后，用 0.4 毫升蒸馏水冲洗 90 秒，保证测试液残留量为最小，使新生儿面部表情恢复正常。甜、酸、苦、咸四种不同溶液采用 4×4 拉丁方排列测试顺序。

让新生儿依次喝白水、甜水、酸水和苦水，每种味道持续 30 秒。喝完一种水后，间隔 5 分钟，再喝下一种水。观察其表情反应。除白水之外，喝完其他三种味道的水之后，立刻给新生儿喝 0.5 毫升的白水，以避免各种味道之间有所混淆。

2. 实验结果

(1)实验结果测评标准

用数码相机记录新生儿面部表情变化，分析味觉反应的表情差异。按 BabyFACS 标准将新生儿的面部表情运动分为 A、B、C 三组基本强度不同的运动单位。没有口部运动或仅有口部吸吮动作即完全接受的面部表情为 A1；噘嘴为不喜欢表情 B1；反感地嘴张大(不吸不吞)为 C1。在 A1、B1、C1 的基础上出现不喜欢的面部表情(鼓腮或纵鼻等)分别为 A2、B2、C2；在 A2、B2、C2 的基础上如果出现反感的面部表情(低眉、皱眉等)分别为 A3、B3、C3。依婴儿接受难易程度将反应强度分为 10 级，强度逐级增加，9 级以上为完全拒绝的敏感表情。A 组表情 1～3 级反应强度低，为可接受面部表情(包括对甜味愉快的面部放松和口部吸吮动作，表示对甜味接受力强；对咸、酸、苦味表现为没有口部动作无反应的不敏感表情)。4～10 级(B、C 组表情 4～9 级，啼哭 9 级，恶心干呕 10 级)为程度不同的不愉快表情。分析母亲味觉偏好与新生儿反应强度关系时，新生儿的反应强度以 A3 为界值点，即大于 3 级为反应强度高，等于或小于 3 级为反应强度低。

(2)实验结果报告

实验发现，新生儿能够区分不同味道的水，并且伴有不同的表情反应。甜水会引起婴儿"满意"的表情，并经常由于吮吸动作导致伴有浅浅的似微笑的面容。酸水会引起噘嘴、纵鼻、眨眼。苦味引起厌恶和拒绝表情，并经常伴有吐出和类似呕吐的动作。

婴儿刚一出生就表现出明确的味觉偏好。比如，无论是足月儿还是早产儿，都对味道表现出明显的偏爱；与苦、酸、咸或者中性的液体(水)相比，他们吮吸甜味液体的频率更快，持续时间也更长。

另外，不同的味道还会引发新生儿不同的面部表情。甜味能减少婴儿哭泣，让他们发笑和咂嘴，而酸味会让婴儿纵鼻和噘嘴，苦味则经常会让婴儿表现出厌恶的表情——嘴角往下撇，伸舌头，甚至吐口水。随着溶液的浓度越来越高，婴儿相应的表情也会越明显，这充分说明新生儿已经能够辨别某种味道的浓度。当婴儿4个月时，他们开始对过去不喜欢的盐味感兴趣。吮吸甜的流体能使他们从哭泣中平静下来，这时他们的吮吸速度和吮吸量都比平静时大。婴儿在饥饿状态下进食一些平时不喜欢的食物可以使他们形成条件性的味觉倾向。

（二）教育启示

1. 适度让婴幼儿接触不同味道的食物

新生儿已经具备识别四种基本味觉的能力。尽管咸、酸、苦三种味道可能给婴儿带来"不满意"的情绪体验，但随着婴幼儿年龄增加以及对不同食物营养的需求增大，父母可以适度、逐步让婴幼儿接触不同味道的食物。这样，一方面，可以让婴幼儿感知到不同味道，锻炼味觉的发展；另一方面，还可以满足婴幼儿身体发育的营养需求。比如，可以给婴幼儿适当喂一些新鲜的水果汁，刺激其味觉的发展。这既能增加婴幼儿维生素的摄入，又能帮助婴幼儿为以后学会吃各种辅食做好味觉适应的准备。

2. 培养婴幼儿正确的味觉偏好

婴幼儿时期是味蕾发育和口味偏爱形成的关键时期，成人应该引导婴幼儿形成正确的味觉偏好，避免婴幼儿养成偏食、挑食的不良习惯。味觉灵敏是婴幼儿自我防御能力的本能表现，是自我保护的初期意识的表现。父母可以根据婴幼儿的味觉偏好，有意识地训练和调整婴幼儿的食欲。但应该避免一味让婴幼儿单纯接触甜味食物，导致婴幼儿过分偏爱甜食，这不仅有可能造成婴幼儿肥胖，也会影响婴幼儿接触其他健康的食物。

十、视觉辨别能力的习惯化实验

（一）实验介绍

习惯化—去习惯化方法（the method of habituation—dishabituation）是用来了解尚处于前言语阶段的婴儿知觉能力发展的一种极其有效的技术手段。例如，用来考查婴儿形状知觉、方位知觉、位置知觉、运动知觉和颜色知觉等。习惯化是指随着某种刺激的持续呈现，被试对刺激的反应水平逐渐降低的表现。去习惯化是指在习惯化形成以后，由于一种新刺激的引入，被试的反应水平再度提高的表现。

习惯化—去习惯化的方法具体分为两步。第一步是习惯化。当出现一个刺激时，最初婴儿表现出强烈的反应。当刺激重复出现时，婴儿反应减少，表现为注视时间减少，心率增加，呼吸变缓，吮吸奶嘴的频率变化等。第二步是去习惯化。当刺激发生了改变从而再次变得新异时，兴趣重新出现。习惯化—去习惯化的方法可以回答两个问题。第一，婴儿是否可以发现刺激？如果婴儿没有发现刺激，他们就不会做出反应。第二，婴儿能否对刺激加以区分？冯晓梅、张晓冬、张厚粲等在1986年利用习惯化—去习惯化法，探讨新生儿视觉分辨能力。[1]

1. 实验设计

（1）实验对象

实验对象为202名中国婴儿，包括男孩113人，女孩89人。实验进行时，所有婴儿均处于正常清醒状态。母亲患有严重疾病的婴儿，身体、智力有明显缺陷的婴儿，以及早产儿均被排除在外。婴儿年龄范围为出生8分钟至13天，其中92.6%的婴儿年龄在7天以内。

（2）实验准备

实验装置为一台改装成暗室的新生儿保温箱。保温箱下部是铁质的封闭地，顶部及前上方是玻璃板，大部分用不透光的黑纸糊住，但在顶部留下长18.5厘米、宽13.5厘米的长方形空白，其大小与视觉刺激图形相同。婴儿仰卧在保温箱内，图形距离婴儿40厘米，正对着眼睛。箱子顶部及四周都有可以观察婴儿行为的小孔。

保温箱顶部玻璃空白的正上方10厘米处装有一个60瓦的灯泡，用来照明。8张实验图形（长18.5厘米，宽13.5厘米）。其中3张黑白相间的栅条图，每张栅条的粗细不同，空间频率分别为0.45周/度、0.24周/度、0.10周/度。其余5张分别是白色背景上一个正常人脸、怪脸、红圆、灰圆、黑色环形图。以细栅条（0.45周/度）、正常人脸、灰圆为第一视觉刺激物，分别与其他图形配对成10组，随机呈现给婴儿。

（3）实验程序

把婴儿放在保温箱中，在保温箱顶部呈现图形。打开灯源，观察婴儿眼睛。当婴儿双眼注视图形时，开始记录时间，直到婴儿不再关注图形为止。关掉灯源，记录第一次注视时间。间隔一分钟后，再次打开灯源，进行第二次实验，记录时间。重复实验，直接习惯化形成。将前3次注视时间的平均数作为起始标准，等婴儿注视图形后3次平均时间降低到前3次平均时间的50%以下时，则认为婴儿达到了习惯化的标准。最后，以第二视觉刺激物代替第一张图形，让婴儿看两次，分别记录两次注视时间。

---

① 冯晓梅、张晓冬、张厚粲等：《新生儿视觉分辨能力的研究》，载《心理学报》，1988(3)。

2. 实验结果

（1）实验结果测评标准

以婴儿注视图形的时间为标准。当婴儿注视图形后 3 次平均时间降低到前 3 次平均时间的 50% 以下时，则认为婴儿达到了习惯化的标准。

（2）实验结果报告

176 名婴儿达到标准的习惯化。其中 117 人被判断为具有视觉分辨能力。实验结果表明，婴儿从出生开始，就具有图形辨别能力，也具有一定的颜色分辨能力。两个图形只在一个维度上存在差异时更容易被新生儿识别。新生儿在视觉分辨能力上无显著的性别差异。

（二）教育启示

1. 逐步提供图形多样的材料刺激婴幼儿视觉发展

培养和发展婴幼儿的视觉能力，有助于促进其大脑的发育。实验结果表明，新生儿具备图形辨别能力。因此，父母在养育婴幼儿的过程中，依据婴幼儿的年龄特点，可以逐步给婴幼儿提供图形丰富的图片或玩具。对于新生儿，成人可以拿一个图形简单的玩具与其互动。互动时需要注意，新生儿最佳视距为 20 厘米，因此刺激物与婴儿眼睛的距离要保持 20 厘米左右。距离不可过远，避免婴儿看不清楚。在婴儿 2～3 个月大时，刺激物可以悬挂在 40～60 厘米的地方。同时，可以提供两个或多个不同形状的玩具，促进婴幼儿对不同形状的感知。另外，也可以定期更换不同形状的玩具，锻炼婴幼儿对图形变化的敏感度。但是，悬挂的玩具要注意更换方位，以免造成婴儿斜视。对视觉能力的促进可以贯穿在日常生活中，如在穿衣、洗浴和其他照顾过程中，吸引婴幼儿集中注意观察大人的脸或其他物品。

2. 逐步提供颜色丰富的材料促进婴幼儿视觉发展

新生儿已经具备颜色分辨能力。因此，为促进婴幼儿视觉发展，父母可以为婴幼儿提供不同颜色的材料刺激婴幼儿对不同色彩物体的感知，进一步发展视觉能力。例如，当新生儿醒着的时候，父母可以拿一个颜色醒目的玩具与新生儿互动。互动时需要注意新生儿的最佳视距，避免因距离过远、过近出现负面作用。可以先给新生儿看一件颜色鲜艳的玩具，避免同时提供很多不同颜色的玩具。在婴儿 2～3 个月大时，刺激物的颜色可以相对丰富起来。父母可提供两种或几种不同颜色的物体，或者定期更换不同颜色的物体。例如，开始先用红色的玩具悬挂，1～2 周后改挂别的颜色的玩具。这时还可以增加能锻炼婴儿初步分析颜色能力的新内容。随着婴幼儿年龄的增长，父母可以为婴幼儿提供形状多样且颜色各异的玩具。

十一、早期运动训练实验

（一）实验介绍

已有研究表明，新运动技能的发展改变了婴儿与物体和人的互动方式。因此，研究者认为早期运动技能可能引发一系列影响后续发展的事件。克劳斯·利伯图斯（Klaus Libertus）、艾米·S. 约翰（Amy S. John）和艾米·沃克·李约瑟（Amy Work Needham）在 2016 年研究了伸展训练对婴幼儿物体探索行为和注意技能的影响。[①] 这一实验通过纵向研究探究早期运动技能训练是否能有效影响婴儿触摸物体的技能，进而探索早期运动技能是否影响后续其他领域技能发展等问题。

1. 实验设计

（1）实验对象

在实验的第一个阶段，共有 36 名 3 个月大的婴儿接受了训练。其中 18 名婴儿有机会试用"黏性连指手套"（主动训练，active training，AT 组），另外 18 名婴儿只能被动观察（被动训练，positive training，PT 组）。

在实验的第二个阶段，接受过第一个阶段训练的 25 名幼儿在接受最后一次训练的 12 个月后再次返回实验室。被随机招募的 15 名幼儿未经任何训练，是对照组（untrained control，UC 组）。

实验的两个阶段的幼儿都是随机从公共记录中招募的。除了 UC 组的幼儿全部是高加索人，其余组都包含亚洲人或其他种族的人。在随机招募中，大部分家庭都是接受过高等教育的家庭。

（2）实验准备

"黏性连指手套"（sticky mittens），允许玩具粘在孩子的手上。"非黏性连指手套"，玩具不会粘在孩子手上。"黏性玩具"，指玩具表面覆盖有魔术贴。"非黏性玩具"，指玩具表面没有覆盖魔术贴（配套材料见图 1-8 中的 a）。

木制珠子迷宫玩具（38 厘米×18 厘米×18 厘米，木制玩具见图 1-8 中的 b）。

逐帧编码软件（frame-by-frame coding software）由研究者利伯图斯于 2008 年研发。[②]

① Libertus，K.，John，A. S.，& Needham，A. W.，"Motor Training at 3 Months Affects Object Exploration 12 Months Later," *Developmental Science*，2016，19（6），pp. 1058-1066.

② Libertus，K.，Stop Frame Coding（Version 0.9）（Coding Software），"Durham，NC"，2008.

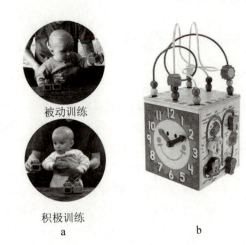

被动训练

积极训练

a   b

图 1-8　实验现场展示和所需材料

资料来源：Libertus et al.，2016。

（3）实验程序

研究者在训练 12 个月后对婴儿进行随访，比较 3 个月大时接受主动、被动或不训练的婴儿在 15 个月大时的物体探索和注意技能。这一实验采用人为改变同龄参与者经验的方法，排除了在纵向分析中因年龄等其他因素对目标技能发展的影响。

在实验的第一阶段，36 名 3 个月大的婴儿接受了为期两周的日常家长指导训练，每次训练时长约为 10 分钟。在训练过程中，AT 组婴儿的玩具和手套都布满了魔术贴，研究者要求家长将手套放在婴儿的手上，并将积木放在婴儿够得着的桌子上，鼓励婴儿去触摸玩具。

PT 组婴儿使用的是与 AT 组婴儿同等外观的手套和玩具，但这些手套和玩具都没有贴魔术贴，即没有粘连功能。在训练过程中，研究者同样要求家长将手套放在婴儿手上，将积木摆放在婴儿够得着的桌子上，然后举起玩具，主动触碰婴儿的手。在第一阶段，两组婴儿都接受了相同物体的视觉和触觉刺激，唯一的不同之处在于婴儿是否主动接触物体。具体训练过程可进一步参考同作者 2010 年的实验报告 2.4.1。[1]

12 个月后，25 名参与过第一阶段训练的 15 个月大的幼儿和 15 名从未参与任何训练的 15 个月大的幼儿接受测试。研究者要求幼儿在 5 分钟自由游戏

---

[1]　Libertus，K.，& Needham，A.，"Teach to Reach: the Effects of Active vs. Passive Reaching Experiences on Action and Perception," *Vision Research*，2010，50（24），pp. 2750-2757.

时间内玩耍木制珠子迷宫玩具（图 1-9 中的 b）。在该任务中，幼儿站在或坐在一张适合幼儿大小的桌子旁，研究者将玩具放置于桌子上。在实验开始前，通过玩具本身或口头语言来吸引幼儿的注意，然后让幼儿自由独立探索玩具，家长和实验者都保持安静。在幼儿玩耍的过程中，研究者使用逐帧编码软件对所有被试幼儿的视觉和手动参与程度进行评分，评分结果用于后续数据分析。

图 1-9　3 个月大婴儿的训练流程
资料来源：Libertus et al.，2016。

在完成实验的第二个阶段后，所有参与实验的家长在家中填写了幼儿行为问卷来评价幼儿的气质，共有 32 个家庭完成了问卷，包括 AT 组 12 个，PT 组 7 个，UC 组 13 个。

2. 实验结果

（1）实验结果的测评标准

在实验的第一个阶段后，所有接受训练的 3 个月大的婴儿还进行了时长 1 分钟的四次触摸评估（the four-step reaching assessment）。评估过程如下：在桌面上放置一个小拨浪鼓玩具，让婴儿伸手触摸玩具。如果 30 秒后婴儿没有触摸到玩具，玩具会稍微靠近婴儿。流程如图 1-10 所示。[1]

第一步：　　　第二步：　　　第三步：　　　第四步：
超出范围　　　远　　　　　　近　　　　　　抓住

图 1-10　触摸评估实验
资料来源：Libertus et al.，2016。

① Libertus，K.，& Needham，A.，"Teach to Reach：the Effects of Active vs. Passive Reaching Experiences on Action and Perception,"*Vision Research*，2010，50（24），pp. 2750-2757.

第一章　婴幼儿感知觉与动作发展

在实验第二个阶段的编码过程中，编码分为视觉参与(visual engagement)和手动参与(manual engagement)两个维度。视觉参与度根据参与者注视玩具、人或其他地方(分心)来计分。与玩具的手动接触被量化为总抓握时间和物体旋转持续时间。抓握行为指幼儿接触任何玩具并使得物体至少一个角离开桌子，或举起玩具的某个部分，或通过手指明显地握住玩具。物体旋转行为指幼儿以能使物体绕中轴旋转的方式接触整个物体或某个部分。因此，编码总共包括视觉参与和手动参与的五个变量。

幼儿行为问卷共评估了幼儿的18个气质维度，包含活动水平、社交能力等。

(2)实验结果报告

在视觉参与度上，AT组的幼儿对物体的视觉关注度更高，对人的关注度与UC组、PT组均无显著差异；AT组分心时间更少，与其余两组差异显著。

在手动参与度上，AT组的幼儿对玩具的抓握活动和旋转玩具的时间都同时高于PT组和UC组的幼儿，而PT组和UC组的幼儿在两项指标上没有明显差别，如图1-11所示。

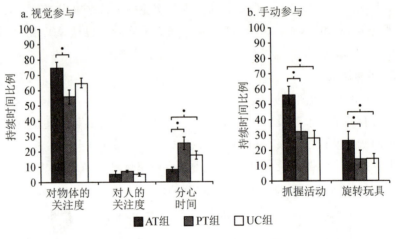

图 1-11　两组婴幼儿视觉参与度情况

资料来源：边玉芳，2009。

在纵向分析中，由控制性别、年龄、体重等因素后建构的模型来看，相较于没有接受任务训练的婴儿来说，在3个月大时接受早期训练能够解释15个月大幼儿抓取活动的变化，如图1-12所示。

总体来说，运动技能在儿童早期发展和形成学习技能方面起着至关重要的作用。结果显示，婴儿3个月大时的伸展技能训练操作有助于促进幼儿15个月大时的物体探索和注意技能。

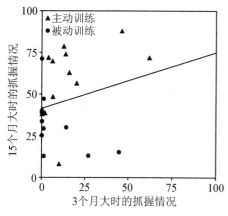
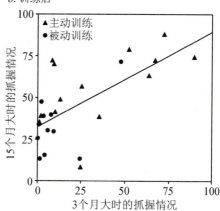

图 1-12　婴幼儿早期训练变化情况

（二）教育启示

1. 提供可促进婴幼儿发展的物质环境

在促进婴幼儿早期运动发展的过程中，家长应该为婴幼儿活动提供丰富适当的物质刺激，给予婴幼儿接触物体的机会，促进婴幼儿主动探索的热情，发展相关技能。家长可以提供可触及的、柔软的、易于抓握的物品，促进婴幼儿手部动作发展。但同时家长也应当注意物品的选择，要注重筛选、替换，刺激不可同时过多。例如，可以为 4～6 个月大的婴儿提供悬挂的、色彩鲜艳的玩具，培养其用手抓握物品的基本技能。

2. 引导婴幼儿展开手部的各类动作训练

家长应当结合婴幼儿发展规律在婴幼儿手部等各项运动技能发展的关键期或发展期，主动为婴幼儿提供适当运动技能的训练。家长可以鼓励婴幼儿主动探索，给予婴幼儿主动探索的机会。尽量避免在婴幼儿表达物体需求意愿后，家长代替婴幼儿完成物体获取过程。获取目标物体的过程也是一种动作训练。加强婴幼儿因偶发性因素造成的物体触摸，会对后续的运动或认知发展产生直接的积极影响。例如，在婴儿 1～3 个月大时可以进行获得触觉经验等训练，4～6 个月大时可以进行触觉灵敏度等训练，7～9 个月大时可以进行手指动作等训练。①

①　参见麦少美、唐敏：《0～3 岁婴幼儿动作发展与教育》，上海，复旦大学出版社，2010。

十二、新生儿模仿实验

(一)实验介绍

新生儿具有强大的模仿能力。新生儿在安静清醒的状态下，不但会注视成人的脸，还会模仿成人的表情。当和婴儿对视时，如果成人慢慢地伸出舌头，婴儿常常也会伸出舌头。婴儿还会模仿其他脸部动作和表情，如张口、哭、悲哀、生气等。模仿脸部运动能力是一个相当了不起的认知成就，它要求将单纯的视觉输入精确地转化为产生一个自己看不到的相似的视觉表现所必需的运动指令，是一种跨通道知觉。根据皮亚杰开展的研究，这种模仿能力应该出现在婴儿快一周岁时，建立在几个月的感知运动经验积累的基础上。但是，梅尔佐夫(Meltzoff)和摩尔(Moore)从一系列研究中得到证据，认为新生儿同样具有这种模仿能力，具有一种非常高水平的通道协调能力。对于新生儿这种神奇的模仿能力，梅尔佐夫和摩尔在1977年进行了实验研究。[①]

1. 实验设计

(1)实验对象

出生2～3周的新生儿。

(2)实验准备

实验所需的暗室，婴儿椅等实验器材。

(3)实验程序

实验是在一个暗室里进行的。聚光灯照亮实验者的脸，使其突出成为婴儿的知觉对象。婴儿半躺在一把婴儿椅上，使其面孔与实验者相距10英寸(1英寸＝2.54厘米)左右。以20秒为时间单元，在第一个20秒内实验者慢慢地张开和闭上嘴巴4次，然后表现出一个不动的脸部表情，并持续20秒。而后在大约20秒内慢慢地伸出和缩回舌头4次，然后再次表现出脸部的不动表情持续20秒。张嘴、脸部不动、伸出舌头等总共经过12次变换。在这个过程中，用红外线感光摄像机的特写镜头记录婴儿的脸部。由一位不知道在各个阶段对婴儿呈现了什么姿势的观测者，对视频中婴儿嘴巴张开和舌头伸出的情况加以评分。

2. 实验结果

(1)实验结果测评标准

对照婴幼儿的表情与实验者的表情的一致性程度。

---

① 边玉芳等：《儿童心理学》，86～89页，杭州，浙江教育出版社，2009。

（2）实验结果报告

梅尔佐夫和摩尔发现，婴儿对实验者张大嘴巴这一姿势的反应，也经常表现为张大嘴巴；对研究者伸出舌头的反应更多的也是伸出舌头。图 1-13 呈现了一些成人和与之相对应的婴儿反应的样例。研究者将这些结果看成新生儿选择性模仿两个不同脸部活动的证据。

对于梅尔佐夫和摩尔的主张，其他研究者主要有两种不同的意见。一种是关于可重复性的。部分研究者没有再现梅尔佐夫和摩尔的实验结果，甚至与之矛盾。另一种是关于结果的解释。问题的关键在于婴儿与成人的姿势相匹配是否真实反映了真正的模仿。有些研究者认为，婴儿的行为并不是模仿。虽然遭到了质疑，梅尔佐夫和摩尔仍然确信他们结论的正确性。越来越多的研究也表明，婴幼儿所具有的认知能力远远超过我们过去的认识。

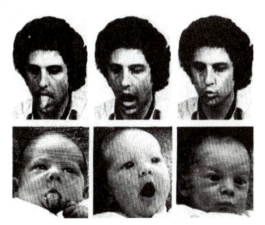

图 1-13　新生儿模仿实验结果

资料来源：边玉芳，2009。

（二）教育启示

1. 积极主动地与婴幼儿互动

新生儿的模仿能力来源于与成人的互动。在互动过程中，新生儿可以识别声音、表情、情绪。对视也是成人和孩子间的一种互动。因此，在养育婴幼儿的过程中，父母可以积极主动地与婴幼儿互动，帮助婴幼儿在和成人交往中识别不同的声音和表情。在与婴幼儿互动时，面部表情可以丰富，语音语调可以有所变化。例如，当抱起婴幼儿面对面注视时，妈妈可以开心地说："宝宝看看妈妈，宝宝认识妈妈吗？"通过这样的交流，婴幼儿可能凝视着妈妈，似带微笑，甚至可能学着妈妈张开小嘴。

2. 为婴幼儿提供尽可能多的模仿机会

家长在和婴幼儿互动时，应为其提供尽可能多的模仿机会，促进其模仿能力和交往能力的发展。比如，家长可以改变通常的讲话节奏，放慢语速，句子之间要有较长时间的停歇，甚至像唱歌一样和婴幼儿说话；家长还可以不断重复自己的每一句话和每一个动作，以方便婴幼儿清楚地观察与模仿。此外，在与婴幼儿交流时，家长还可以有意模仿婴幼儿的行为，扩展亲子间互动。成人与婴幼儿之间的这种互相呼应的交流方式，可以更好地调动婴幼儿模仿的积极性，吸引婴幼儿更加密切地关注成人，并对成人的对话与行为产生回应。

十三、婴儿行走训练实验

（一）实验介绍

根据所涉及的全身各部位的活动，可以将婴儿的自主动作分为有关个体全身大肌肉活动的粗动作（gross motor）和主要涉及手部小肌肉活动的精细动作技能（fine motor）。泽勒佐（Zelazo）和科尔布（Kolb）研究了行走训练能否加速动作发展。[①]

1. 实验设计

（1）实验对象

以出生两周的婴儿为被试，训练时间持续到婴儿出生后的第 8 周。

（2）实验准备

掌握婴儿行走训练的流程。

（3）实验程序

24 名婴儿被分成 3 组：积极练习组的婴儿每天有 4 次练习，每次 3 分钟。在训练时，婴儿被人扶着腋下，脚底接触平面。消极被动组的婴儿则躺在小床上，坐在婴儿座位上，或者坐在父母膝上，轻轻伸屈他们的双腿和手臂。控制组的婴儿没有训练，只是在这项训练计划结束时才测试一次。然后继续进行追踪研究，记录婴儿学会行走的时间。

2. 实验结果

（1）实验结果测评标准

记录婴儿学会行走的时间，比较各组婴儿所用时长。

---

① ［美］Shaffer, D. R., ＆ Kipp, K.：《发展心理学：儿童与青少年》(第 9 版)，邹泓等译，183 页，北京，中国轻工业出版社，2016。

（2）实验结果报告

结果发现，积极练习组的婴儿平均在 $10\sim12$ 个月时就会行走，比常模年龄（14 个月）提早了 $2\sim4$ 个月。研究者认为，新生儿具有行走反射，行走反射可以帮助婴儿产生更强的活动性。行走动作的训练有关键时期，动作训练应该利用行走反射，不要让其自然消失。

（二）教育启示

1. 遵循婴幼儿发展规律，在成熟的基础上进行适宜的技能训练

动作是人类最重要的一种基本能力，也是个体进行实践活动不可缺少的重要条件。婴幼儿各种动作的发展是其活动发展的直接前提，也是其心理发展的外在表现。动作技能的掌握对婴幼儿心理发展有重要意义，其发展状况影响着婴幼儿自主性和与同伴交往能力的发展，并影响着他们个性的形成。从实验中我们可以得到一些重要的启示：对婴儿进行动作训练能够加速其动作发展。在对学前儿童进行动作技能的培养和训练时，应该注意遵循婴幼儿发展规律，在成熟的基础上进行适宜的技能训练。

2. 注重个体差异，促进婴幼儿动作发展

婴幼儿动作发展存在个体差异。在动作能力的潜力方面没有两个个体是完全一样的。身体和运动能力的年龄标准仅仅是帮助父母、教师和医务人员建立一个关于特定年龄的儿童具有哪些普遍技能的一般指导，并不是必须达到的绝对标准。部分婴幼儿可能高于或低于这个标准，但他们也有可能是按照他们个体发展的模式成长着的。为有效促进婴幼儿动作发展，父母应该尊重婴幼儿动作发展的个体差异，基于婴幼儿个体发展差异有针对性地采取措施。此外，一个训练计划对某个婴幼儿来说是最好的，而对另一个婴幼儿来说就不一定是最好的。因此，家长可以依据婴幼儿动作发展特点，在最近发展区内制订训练计划，满足婴幼儿下一阶段的动作发展需求。

十四、筷子使用技能实验

（一）实验介绍

个体手部的精细动作能力，指个体主要凭借手指等部位的小肌肉或小肌肉群运动的能力。精细动作能力是在感知觉、注意等多方面心理活动的配合下完成特定任务的能力，对个体适应生存及实现自身发展具有重要意义。筷子的使用技能是一个具有中国文化特色的、典型的精细动作技能，使用筷子是中国人

日常生活中必不可少的实际操作活动，也是中国儿童早期功能性动作技能习得的重要方面。李蓓蕾等人通过实验考查了筷子使用技能的发展规律以及筷子使用技能与学业成绩的关系。[①]

1. 实验设计

(1)实验对象

研究者从北京市一所街道幼儿园和一所普通小学随机选取 151 名 4～8 岁的儿童，又从北京市一所高校选取 30 名大学二年级本科生为成年组被试。为考查儿童的筷子使用技能特性的发展水平与其学业成绩的关系，研究者还从北京市一所普通小学一、二年级共 8 个班的学生中由班主任限额提名选取学业表现不同的两组学生共 60 名。

(2)实验准备

参照国外已有的动作测验，研究者编制标准化的筷子技能测验。实验使用的测查材料主要有：测查板两块(板上有 3×3 共 9 个直径为 45 厘米的圆形凹槽，深度为 0.5 厘米，每两个凹槽的中心距离为 2.0 厘米)；日常使用的成人筷子一双；木制圆球(直径 1.5 厘米)9 个；正方体 27 个(边长为 0.9 厘米的 9 个，边长为 1.5 厘米的 9 个，边长为 3.0 厘米的 9 个)；黑豆 9 颗，花豆 9 颗，直径大约为 0.5 厘米的豌豆 9 颗；小木棍(半径为 0.7 厘米，长 30 厘米)4 根。

(3)实验程序

实验开始后，将两块测查板放在桌上，确保测查板与桌边相距 5 厘米，两板的平行间距为 10 厘米。被试坐在小桌前，正对两测查板的中线，双肘与桌面齐高。研究者向被试简要介绍测查任务，并用 4 根小木棍进行预试。要求被试用筷子以最快的速度将测验材料逐个从一块测查板夹起并放入另一块板的任意一个凹槽中。每组 9 个测验材料最长时限为 2 分钟(共有 7 组测验材料)。若在规定时间内未完成任务，则停止这一组的测查。每个被试都进行 7 组材料的测试，在每个被试间随机安排 7 组测验材料。

2. 实验结果

(1)实验结果测评标准

测查两组儿童使用筷子的技能及其与学业成绩的关系。

(2)实验结果

儿童随着年龄的增长，筷子使用的精确性、时效性和稳定性都在不断提

---

① 李蓓蕾、林磊、董奇等：《儿童筷子使用技能特性的发展及其与学业成绩的关系》，载《心理科学》，2003，26(1)。

高。学业表现不同的儿童在筷子使用技能的稳定性上存在显著差异。儿童使用筷子技能的时效性和稳定性与其语文成绩显著相关，与其数学成绩的相关性不显著。

(二)教育启示

1. 充分认识婴幼儿精细动作发展的必要性

精细动作通常依靠手腕、手指运动的灵活程度和动手操作的敏感度以及操作过程中的手眼协调性。它主要包括握、捏、抓取、捻、拉、拽、对敲、对拍、折叠、捆绑、换手等细小动作，反映了手眼的协调性和快速操作的灵巧性。对处于发展早期的婴幼儿而言，他们面临多种发展任务(如拿取物体、画画等)。精细动作能力既是这些活动的重要基础，也是婴幼儿评价发展状况的重要指标。手部肌肉动作与智力发展有着密切的关系，因为手部肌肉动作不但表明了婴幼儿动手的能力、视觉运动协调的能力，而且反映了一种精细的感觉和对外界刺激的分析与综合的能力，这种能力是由婴幼儿神经系统的发育水平决定的。以上实验也证明，精细动作(如筷子的使用)的操作能力与儿童的学业成绩有关。俗话说"心灵手巧"，通过手部小肌肉的运动，可以初步判定个体的大脑皮层是否完整无损。

2. 运用多种方法促进婴幼儿精细动作的发展

在养育婴幼儿的过程中，家长可以依据婴幼儿年龄促进其精细动作的发展。第一，触摸抓握游戏。在婴儿0～3个月时，家长可以经常和他们一起做一些触摸抓握的游戏。在保障安全的前提下，尽量让婴幼儿接触各种不同质地、形状的东西，如硬的小块积木、小电池、塑料小球、小瓶盖和小摇铃，软的海绵条、毛绒动物、橡皮娃娃、吹气玩具，以丰富触觉经验，锻炼手的抓握技能。第二，主动够物游戏。引导婴幼儿学习够桌面上距手2～3厘米远的各种便于抓握的玩具。对于几个月的婴儿来说，主动够物是一项复杂的技能。当婴儿发现他眼前新奇的玩具后，首先将握着的小手张开，其次在视觉的引导下接近物品，最后准确地抓住"目标"并握在手中。为帮助婴幼儿学会这项本领，家长可以运用鼓励的语言、积极的表情吸引他们。如果婴幼儿可以够到物体，可以抱抱他，给予及时肯定。随着婴幼儿抓握能力增强，可以把物体放得稍远或者换成小一些的物体，进一步锻炼其精细动作。

十五、手部探索物体训练实验

（一）实验介绍

婴儿从出生开始就被周围的环境吸引，并尝试与周围的环境互动。在发育过程中逐渐形成的触碰技能使婴儿有机会探索物体，并感知手部动作作用于物体的效果。这种运动技能的发展不仅为婴儿探索环境提供了新的途径，也为进一步发展运动技能和认知奠定了基础。已有人对 2～3 个月大的婴儿手部探索进行了研究，但还没有人对更大一些的婴儿的手部探索能力进行研究。本研究的目的是观察 7 个月大的婴儿手部探索技能的特定运动训练是否有效，并确定婴儿在手部探索技能上的个体差异对其手探索能力的影响。①

1. 实验设计

（1）实验对象

50 名 7 个月大的健康足月婴儿。将他们随机分配在三种不同的训练条件下，18 名婴儿（其中 11 名女孩）进行积极训练，16 名婴儿（其中 8 名女孩）进行观察训练，16 名婴儿（其中 6 名女孩）在控制条件下，不接受训练。这些婴儿均来自德国中产阶级家庭。

（2）实验准备

实验中进行探索任务的刺激物包括两套各 5 件玩具（见图 1-14）。它们由塑料、木材或软材料制成，表面有五颜六色的图案，宽 6～10 厘米，很容易被婴儿拿在手里。

第一套

第二套

图 1-14　手部探索刺激物

资料来源：Kubicek et al. ，2019。

---

① Kubicek，C. ，Gehb，G. ，Jovanovic，B. ，et al. ，"Training of 7-Month-Old Infants' Manual Object Exploration Skills：Effects of Active and Observational Experience，"*Infant Behavior and Development* ，2019，57(4).

实验选取的训练刺激材料同样包括两套各 5 件玩具（见图 1-15）。它们宽 6～10 厘米，由塑料、木头、软材料等组合制作而成，在表面材质、形状、颜色等方面具有不同的特征。

第一套
第二套

图 1-15　手部探索训练材料
资料来源：Kubicek et al.，2019。

（3）实验程序

积极训练和观察训练两组都包括 15 次由家长主导的游戏，每天 10 分钟，为期 3 周，在婴儿家中进行。实验者会指导家长如何进行训练。具体来说，婴儿被随机分配到两组训练玩具中的其中一组。在积极训练组，家长会与婴儿进行交互和口头鼓励，并对每一个玩具进行 60 秒的展示探索，包括旋转玩具、从一只手转移到另一只手、手指玩具（见图 1-16），然后让婴儿在另外的 60 秒内主动探索这一玩具。玩具在每个训练日展示的次序也是随机的，家长需要记录日志。1 周半后，实验者会到婴儿家中拜访，并将另一套玩具交给家长，交换训练对象。在观察训练组，家长只向婴儿展示探索动作 120 秒，同时不允许婴儿自己探索这些物品。其他程序与积极训练相同。控制组的婴儿在 3 周内没有接受任务训练。

旋转　　　　　转移　　　　　手指

图 1-16　玩具探索的展示
资料来源：Kubicek et al.，2019。

2. 实验结果

（1）实验结果测评标准

所有婴儿在训练前后都进行了探索任务，通过摄像机记录前后两次探索任务的情况。

（2）实验结果报告

实验结果显示，对手部探索任务得分较低的婴儿来说，接受训练前和接受训练后，其探索任务得分显著提高。相比之下，探索能力高的婴儿没有显著变化，控制组婴儿没有显著变化。

（二）教育启示

1. 了解婴幼儿手部动作发展的重要性

用手来探索是婴幼儿感知世界、认识世界、与世界交往的主要途径。手部探索可以为婴儿提供很多机会来学习各种物体的属性，如感知软和硬、光滑和粗糙、冷和热等。同时，手部作为精细动作发展的代表，良好的手部动作技能的发展可以促进婴幼儿后续其他动作技能、认知技能的发展。因此，一方面，成人可以通过婴幼儿动作发展规律及特点的理论知识学习，认识到这一发展领域的重要性；另一方面，成人也应该学习一些促进手部动作发展的方法，从而在生活中帮助和引导婴幼儿手部动作的发展。

2. 尊重婴幼儿动作发展的个体差异，适时地给予教育和引导

实验结果表明，无论是积极训练还是观察训练，都对探索能力发展水平较低的婴幼儿具有积极正向的影响。通过训练，提高和改进手部探索能力的空间更大，婴幼儿从中获益更多。因此，成人要注意对手部动作发展水平较低的婴幼儿进行及时的、正确的训练和引导。成人可以通过具体的示范使婴幼儿理解如何做手部精细动作及通过手对物体进行探索，如基本的捏、握、抓、摇、旋转。成人要在示范的基础上让婴幼儿多次地、重复地练习，直至婴幼儿已经完全掌握了这一技能。之后，成人可以借助一些生活化的场景帮助婴幼儿将这种技能运用到生活中。

第二章　婴幼儿注意与记忆发展

一、注意控制实验

（一）实验介绍

在婴幼儿时期，注意控制是儿童探索和学习的重要因素。注意控制包含注意分配和抗任务干扰等内容。琳达·福斯曼（Linda Forssman）、格尼拉·波林（Gunilla Bohlin）和克拉斯·冯·霍夫斯坦（Claes von Hofsten），在 2014 年测试了 18 个月大的幼儿控制注意的能力，并比较了成年人和幼儿对注意的分配。[①]

1. 实验设计

（1）实验对象

61 名 18 个月大的幼儿和 36 名成年人共同参与实验。所有 18 个月大的幼儿都是足月出生的，住在瑞典中部一所大学城附近。其中，18 名幼儿和 3 名成人因数据不足（实验过程中记录的凝视数据少于 50%）或技术困难而被排除在数据分析之外。

（2）实验准备

角膜反射眼球跟踪系统（a cornea reflection eye-tracking system）带有 17 英寸（约 43 厘米）的监视器，以 60 赫兹的频率记录来自双眼瞳孔和角膜的近红外光反射，显示器的角度为 30×24 度。A、B 两个遮挡器分别位于视频观看中心的左右两侧，两个遮挡器之间的距离与水平线成 8.9 度角，其水平位置（左或右）在参与者中是居中的。

实验在一间光线昏暗的房间里进行，所有参与者都坐在离显示器大约 60 厘米的地方。18 个月大的幼儿坐在父母大腿上的座椅上，或者直接坐在父母的大腿上。

在实验开始之前，先进行校准程序。在校准过程中，在屏幕的每个角落和

① Forssman，L.，Bohlin，G.，& von Hofsten，C.，"Eighteen-Month-Olds' Ability to Make Gaze Predictions Following Distraction or a Long Delay," *Infant Behavior & Development*，2014，37(2)，pp. 225-234.

中央出现了五个带有伴随声音的短膨胀收缩方格图案的球体，每次展现一个。参与者需要成功校准所有的校准点，未成功校准的需重校。

（3）实验程序

研究人员向参与者展示了 6 个短片，时间约为 2.5 分钟，中间穿插着吸引眼球的简短动画。六个电影片段的呈现是基于 A-not-B 范式的，包括四个转换前实验（A）和两个转换后实验（B）。所有参与者的 A 实验都是相同的，以表明参与者理解任务（预期目标的重现），并确定三组之间的表现等效（B实验的指定条件：控制对照条件、视觉干扰条件，以及长延迟条件）。在每个片段开始播放时，首先将一个有趣的目标——一个米老鼠图形，定位在显示器的中心，然后伴随着旋律，米老鼠移动到两个遮挡器后消失。具体实验内容说明如下。

A 实验：在前四个视频片段中，目标在 5.5 秒后完全消失在遮挡器 A 后面。2 秒后目标从遮挡器 A 后面重新出现并移动到显示屏中央，3.5 秒后出现声音提示。四次 A 实验之后是两次 B 实验。

B 实验：参与者被分配到三种不同的条件下，对照组（21 名幼儿，12 名成人）；视觉干扰实验组（21 名幼儿，12 名成人）；长延迟实验组（19 名幼儿，12 名成人）。三个实验组分别进行两次 B 实验。在 B 实验中，目标都在 5.5 秒后消失在对侧封堵器（B）后面。

①对照组在没有干扰物出现（空的时间间隔）时，在目标消失和声音提示出现之间使用了短时间延迟（3.5 秒），同 A 实验相同。

②视觉干扰实验组在视觉干扰下，在两次 B 实验中，目标消失后 0.5 秒，在屏幕中心延迟 2 秒后出现视觉干扰物（弹跳球）。目标消失与声音提示出现之间的时间延迟与控制条件下相同（3.5 秒）。

③长延迟实验组在延迟条件下，目标消失到声音提示出现之间的时间延迟延长到 10 秒（没有视觉干扰物）。

2. 实验结果

（1）实验结果测评标准

参与者观看遮挡正确区域和不正确区域的时间长短。

（2）实验结果报告

在 A 实验中，所有参与者观看遮挡正确区域的时间都比不正确区域的时间长，并且成人的正确注视时间比幼儿长，在不正确的注视时间上两组没有显著差异。在 B 实验中，成人相较于 18 个月大的幼儿表现出正确性更高的预期注视，受不同条件影响较小。18 个月大的幼儿注视遮挡正确区域的结果受不同组别条件的影响相较于成人较大，尤其在长延迟的条件下受影响程度更大，且幼儿的持续注意在目标物被遮挡后逐渐减弱。

结果表明，10～12个月大的婴儿在实验中引入干扰物时会降低预期的表现；在视觉干扰、长延迟和控制条件下，18个月大的幼儿能够克服干扰引起的注意冲突。因此，注意控制能力提高的发展时间段主要在12～18个月。

（二）教育启示

1. 明确活动目标以提高婴幼儿的专注度

注意控制能力及行为的改善与大脑神经系统的发展密切相关，婴幼儿注意的良好发展对心理发展至关重要。因此，家长依据婴幼儿的年龄特点来引导婴幼儿形成良好的注意品质十分必要。实验中6个视频片段的前4个片段用于让参与者明确实验目的，这一点可以迁移到家长日常训练婴幼儿注意的教育过程中。活动目的是活动的方向标，婴幼儿对日常活动的目的理解得越深刻，完成任务的意愿就会越强烈，活动进行中的注意就会越集中，主动控制注意的意愿就会越强。家长还可以让婴幼儿带着目的去主动集中注意完成任务，锻炼婴幼儿注意的控制能力。同时，实验还提到长延迟比分心干扰更影响幼儿的视觉注意。因此，在日常活动过程中，家长在给予刺激或注意中心后，要及时根据婴幼儿的反应，给予反馈或新的刺激，调整婴幼儿的注意中心。

2. 结合注意类型和注意兴趣培养婴幼儿注意能力

实验者特意指出实验的版本是观看版本，说明本实验考查的是在实验条件下婴幼儿视觉注意的控制能力。但在实际生活中，随着年龄增长，婴幼儿表达注意的方式并不单单只有视觉注意一种方式，还有动作注意，如不断用手抓、用脚踢等。家长在培养婴幼儿注意能力时，要能辨别婴幼儿注意的类型，并针对注意类型给予不同的教育方法。除了表达注意的方式增多，婴幼儿在与环境不断接触的过程中吸引其注意的范围也在不断扩大。兴趣是产生和保持注意的重要条件，家长要关注婴幼儿在成长过程中变化的、感兴趣的物体范围，给予婴幼儿自由选择注意的机会，根据注意兴趣培养婴幼儿注意能力。例如，游戏是婴幼儿的基本活动，家长可以积极利用游戏的不同类型和材料，引发兴趣，在合作参与的过程中有意地培养其注意能力。

二、婴幼儿对注意的认识实验

（一）实验介绍

2003年，迈可尔·托马塞洛（Micheal Tomasello）和凯瑟琳·哈伯尔（Katharina Haberl）对若干名1～1.5岁的婴幼儿进行了一项元注意的研究。该研究解释了婴幼儿对成人注意的理解。[1]

1. 实验设计

（1）实验对象

在德国一个中等规模城市中抽取的 72 名婴幼儿。其中，24 名 18 个月大的幼儿（11 名女孩，13 名男孩），28 名 12 个月大的婴儿（15 名女孩，13 名男孩）。婴幼儿自身因素或者实验者本身问题导致 7 名 18 个月大的幼儿以及 13 名 12 个月的婴儿未能完成实验。月龄为 18 个月大的研究对象中有 2/3 参与日托中心。

（2）实验准备

所有的婴幼儿在实验开始之前都会被问一个"热身问题"，以了解在实验最后要问的问题是否能被他们很好地理解。实验者会要求婴幼儿说出放在托盘内的三个物体的名称，它们分别是球、玩具车、玩具熊。已有研究表明，婴幼儿在这一年龄阶段大部分都能知道这些物体的名称。

（3）实验程序

婴幼儿先在日托中心的一个安静的房间里进行 15～20 分钟的"热身对话"。之后，两名成年女性（实验者 1，实验者 2）坐在桌子旁边，每人与婴幼儿游戏 1 分钟（不与婴幼儿发生语言交流），各玩一个玩具。之后，实验者把玩具放到距离桌子比较远的、婴幼儿能够看见玩具但是触摸不到的地板上。这时，实验者 1 由于要去处理一些事情而离开了房间，实验者 2 说："哦，她走了，她无法看到我们。但这并不重要，我们继续玩吧。"这时她会拿出第三个玩具，并且同样与孩子共同玩耍 1 分钟（没有语言）。之后，她也将这个玩具放在地板上，说："现在我们只是把它放在这里。"实验者 1 返回，这时实验者 2 将第三个玩具从地板上拿到桌子上靠近婴幼儿但婴幼儿接触不到的地方。这时实验者 1 惊呼："哇！好棒！看看那个！把它给我吧，谢谢。"如果需要，这句话可以重复三遍。这里需要强调的是，实验者 1 并没有将目光盯在第三个玩具上，她只是大致地向摆放三个物体的方向望去。

为了控制实验流程，其他条件都会被控制为相同的因素（除了实验者 1 事实上并没有离开房间），实验者 1 只是简单地宣布她要去，然后就走到离婴幼儿两三米远的摄像机旁，站在那边看实验者 2 与婴幼儿一起玩第三个玩具。在实验者 1 回来对第三个玩具表示惊讶与惊喜之后，所有 18 个月大的婴幼儿会

① Tomasello, Michael, & Haberl, Katharina, "Understanding attention: 12-and 18-month-olds know what is new for other persons," *Developmental Psychology*, 2003, 39(5), 906-912.

为了回应她的要求把物体交给实验者 2，约 56％的 12 个月大的婴儿做了同样的回应。但是也有一些婴幼儿仅仅为他们自己去拿玩具，没有给实验者 1。

2. 实验结果

(1)实验结果测评标准

婴幼儿是否会将玩具拿给实验者。

(2)实验结果

在该研究中，18 个月大的幼儿能够在听到请求时，通过日常对个体的一些行为的认识或者以往的经验来确定成人的注意和目标是什么。具体而言，他们理解成人想要的是哪个玩具。人们会更加注意新出现的事物，会对其表现出强烈的好奇心；因为第三个玩具在被介绍时实验者 1 走出了房间，所以对她来说这是新的。

12 个月大的婴儿的行为表现并不清晰，但是他们在实验条件下的反应仍然高于随机条件，这可能暗示着他们注意了成人的指示。问题在于，在控制条件下他们选择第三个玩具的概率还是要相对高一些。因此，12 个月大的婴儿可能认为实验者 1 更倾向于最后一个见到的玩具。这是因为即使在控制条件下第三个玩具也极易成为目标对象，抑或是婴儿的注意由于其他原因被最后一个玩具吸引。

(二)教育启示

1. 意识到并尊重婴幼儿的元注意能力

从研究结果中可以看出，婴幼儿可以通过成人的情感表达及语言对成人的意图有很好的把握，而不是简单理解成人看着什么就喜欢什么。这显示了婴幼儿元注意能力的发展，表示婴幼儿具备了识别成人注意的根源。成人应该充分认识到婴幼儿已经具备了这样的能力，认可婴幼儿具备这一复杂心理的能力。

2. 在互动中促进婴幼儿元注意能力的发展

在教养过程中，成人可以在互动中促进婴幼儿元注意能力的发展。成人可以为婴幼儿提供多种与外界、与他人交往的机会，在交往过程可以教导幼儿多关注他人的情感、表情，帮助婴幼儿通过观察了解他人的想法。同时，成人也需要对婴幼儿对自身的注意以及对他人的注意有良好的引导。在婴幼儿专注于某件事物时，成人应当尽可能地减少打扰。

三、悬挂玩具实验

(一)实验介绍

新生儿似乎只有极其短暂的记忆，他们能够对某一刺激产生反应，但是几分钟后就会变得不认识该刺激了。也许这是因为识别熟悉的刺激物这一简单行为对新生儿或 2 个月大的婴儿来说没什么意义。那么，对自己做过的行为，以及那些被强化的行为，婴儿的记忆是否会好一些呢？罗伊-柯利尔（Rovee-Collier）的实验对这一疑问进行了探究。[①]

1. 实验设计

（1）实验对象

2～3 个月大的婴儿。

（2）实验准备

婴儿床、玩具、丝带。

（3）实验程序

在婴儿床上方悬挂一个漂亮的玩具，再用一条丝带将玩具系到婴儿的脚踝上（如图 2-1 所示）。在几分钟的时间里，婴儿就会发现踢腿可以让玩具动起来。婴儿对这个活动很感兴趣。

一周以后让婴儿进行同样的活动。为了成功地完成这个任务，婴儿不仅要辨认出这个玩具，而且还要回忆起它能够动，只要踢腿就可以让它动。

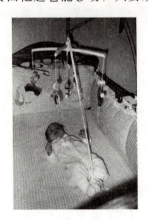

图 2-1　实验装置

资料来源：Rovee-Collier et al.，1997。

2. 实验结果

（1）实验结果测评标准

在这个实验中，测试婴儿记忆力的标准化程序是：让婴儿再次平躺在婴儿床上，观察婴儿看到玩具时会不会做出踢腿的动作。

---

① Rovee-Collier，C.“Dissociations in Infant Memory：Rethinking the Development of Implicit and Explicit Memory，”*Psychological Review*，1997，4(3)，pp.467-498.

（2）实验结果报告

研究者发现，在最初的学习结束后，2个月大的婴儿在3天内还能记得怎样让玩具动，而3个月大的婴儿则能将此记忆保持到一个多星期。

为什么婴儿最后还是会遗忘如何让玩具动呢？原因并不是他们原来学习的知识丢了。在实验过去2～4周后，让婴儿观察玩具的移动以提示他们之前的学习经历。结果发现，只要把丝带系到婴儿脚踝上，他们便开始使劲踢腿。与此相反，没有得到提示的婴儿即使有机会，也不会做出让玩具动的动作。这说明2～3个月大的婴儿已经能够将有意识的知识储存至少几周的时间，只不过如果没有明显的提示，他们很难从记忆中再提取出已学习的知识。这说明婴儿的这种早期记忆有很强的情境依赖性。如果后测实验条件与之前有所不同（如换一个玩具），婴儿几乎不记得先前学习的反应。

（二）教育启示

1. 引导婴幼儿多感官协同参与记忆活动

婴幼儿已经具有长时记忆的能力，和成人不一样的是，幼儿的早期记忆有很强的情境性。家长在引导婴幼儿时，可让婴幼儿多种感官（视觉、听觉、触觉、味觉、嗅觉、机体觉等感觉器官）协同参与记忆活动。这样能够增强婴幼儿对情境的多角度感知，利于幼儿记忆。认知心理学认为，对材料的感知越细致，大脑输入的信息就越精确，储存的材料也会越准确。协同记忆法可在婴幼儿充分观察的基础上，通过多种渠道向婴幼儿大脑输送有关信息，从而提高婴幼儿记忆的准确性。

2. 引导婴幼儿建立记忆的线索，增强对内容的提取能力

家长应有意识地引导婴幼儿建立记忆的线索，帮助婴幼儿对记忆的内容进行有效的提取。在婴幼儿记忆材料时，家长可以帮助婴幼儿快速找出材料的内在线索。例如，婴幼儿在记忆儿歌、古诗、故事时，可以把关键情节作为线索；在记忆各种植物时，可以将植物的根、茎、叶、花、果实作为线索；在记忆数概念时，可以将数的实际意义、数的顺序、数的组合作为线索。

四、模型和图片符号实验

（一）实验介绍

图片符号对幼儿意味着什么？幼儿能否把图片符号与现实情境联系起来？为了研究婴幼儿将图片符号与现实情境相对应的能力，朱迪·S. 德洛奇（Judy

S. DeLoache)于 1987 年进行了实验。①

1. 实验设计

（1）实验对象

32 名幼儿中 16 名月龄较小（30～32 个月，平均是 31 个月）；16 名月龄较大（36～39 个月，平均是 38 个月）。

（2）实验准备

一个真实房间（长、宽、高为 4.8 米、3.88 米、2.54 米）和一个模型房间（长、宽、高为 71 厘米、64 厘米、33 厘米）。

（3）实验程序

实验在真实房间和模型房间中进行。在每一年龄组中，一半被试观察小玩具藏在模型房间中，另一半被试观察大玩具藏在真实房间中。幼儿亲眼看到一个玩具被藏在一个模型房间中，即一个小玩具狗被藏在模型房间中的小沙发上。接着，要求幼儿在真实房间相对应的位置找到那个已经被藏起的相似玩具（比如，藏在大沙发后面的一个大玩具狗）。实验者明确描述并且证明了两个被藏起来的玩具之间、真实房间和模型房间之间、两个空间物品（隐藏东西的地方）的个体特征之间的对应性。

在表征阶段之后立即让幼儿进行两个实验，每个实验都包括三个部分：①隐藏活动——让幼儿去观察模型中沙发下面或后面藏着的微型玩具（在每一个实验中玩具所藏的位置不同）；②提取 1——要求幼儿找到真实房间中的大玩具。在每一个实验中，幼儿都会被提醒大玩具和小玩具藏在"同一个地方"；③提取 2——作为记忆检查，幼儿再次回到模型房间中，并被要求再次找到在实验 1 开始的时候他看到过的被隐藏的玩具。因此，提取 2 唤醒幼儿对最初隐藏事件的记忆，提取 1 评估记忆对新环境的转换。两个实验的主要区别是一个采用模型的形式让幼儿寻找物品，另一个则是采用照片的形式让幼儿寻找物品。

2. 实验结果

（1）实验结果测评标准

幼儿是否能在真实房间和模型房间中找到隐藏的东西。

（2）实验结果报告

数据表明，年长组幼儿平均表现水平高于年幼组幼儿的表现水平，两组幼儿提取 2 的总体表现高于提取 1 的总体表现。更重要的是，两个年龄组的表现

———————————

① Judy，S. DeLoache，"Rapid Change in the Symbolic Functioning of Very Young Children，"*Science*，1987，238(4833)，pp. 1556-1557.

模式是不同的。玩具在真实房间或模型房间里的初始隐藏位置对结果没有太大影响（如图 2-2）。

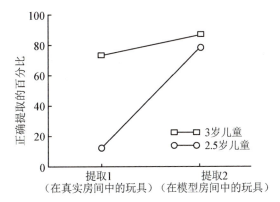

图 2-2　两个年龄组在实验中正确提取的百分比分析图

3 岁幼儿在两种提取任务中的表现都很好，这表明他们能记住微型玩具的位置，并能利用模型房间的信息帮助自己在真实房间中找到大玩具。2.5 岁幼儿能够很好地记住微型玩具藏在什么位置，但是在真实房间中寻找大玩具时表现很差。显然，2.5 岁幼儿还不能把这个模型看作真实房间的符号表征。当然，这并不是说 2.5 岁幼儿不具备表征知识。德洛奇认为，由于 2.5 岁幼儿缺乏双重表征能力（同时从两个不同角度考虑事物的能力），所以他们很难把模型作为符号来用。

（二）教育启示

1. 尊重婴幼儿记忆发展规律

实验表明，2.5 岁幼儿和 3 岁幼儿在记忆方面存在显著差异，虽然两组幼儿在年龄上仅仅相差半岁。在养育婴幼儿的过程中，父母应该尊重婴幼儿记忆发展规律及其年龄特点，切不可随意将不同月龄的婴幼儿放在同一水平进行比较。当然，即使是同龄，也要避免进行严格比较。更重要的是，应该避免因在比较中发现的"不足"而过度焦虑。

2. 在日常生活中培养婴幼儿的记忆能力

尽管 2.5 岁幼儿尚不能同时从两个角度考虑事物，但父母可以在日常生活中培养婴幼儿的符号表征能力和记忆能力。例如，父母可以仿照实验程序，借助玩具或者模型发展婴幼儿对符号的记忆。当然，父母可以激发婴幼儿的兴趣，引导婴幼儿去寻找、回忆。最初，父母可以给婴幼儿一定的语言提示，或者帮助婴幼儿记住事物的关键特征，然后逐步过渡到让婴幼儿自主回忆，完成游戏任务。

五、内隐记忆实验

（一）实验介绍

内隐记忆是记忆的一种类别，与外显记忆相对，指在不需要意识或有意回忆时，个体的过去经验对当前任务自动产生影响的现象，又称自动的、无意识的记忆。那么，儿童和成人在内隐记忆上存在差异吗？帕金（Parkin）和斯特雷特（Streete）在 1988 年用实验对此进行了探究。[①]

1. 实验设计

（1）实验对象

3 岁、5 岁、7 岁儿童和大学生各 24 人。

（2）实验准备

30 种日常生活中的针点图（其中 15 种为目标刺激，另外 15 种为分心刺激）。每种物体的针点图从最不清楚到完全清楚共 8 张。

（3）实验程序

研究者给被试呈现 30 种日常生活中的针点图，具体如图 2-3 所示。被试的任务就是辨别一幅幅不完整图片。实验开始，研究者选择 15 种物体的图片作为目标刺激依次呈现给被试。每一种物体的图片都是从最不清楚的图片开始呈现，要求被试说出图中所画物体的名称。如果被试说不出，再呈现稍微清楚一点的图片，依次进行，直到被试能说出图片中物体的名称。如果呈现了最清楚的图片后，被试依旧无法说出，研究者可以告诉被试答案。

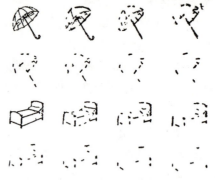

图 2-3　内隐记忆针点图

资料来源：Parkin & Streete，1988。

① Parkin，A. J.，& Streete，S.，"Implicit and Explicit Memory in Young Children and Adults,"*British Journal of Psychology*，1988，79(3)，pp. 361-369.

在上述步骤结束后，间隔 1 小时或 2 周的时间进行再认测试。再认测试包括两部分。第一部分是在原有 15 种图片的基础上增加 15 张图片，与之前程序相同，让被试说出图片的名称。第二部分是让被试指出哪些是上一次实验中出现过的图片，哪些是新的图片。

2. 实验结果

(1)实验结果测评标准

被试说出图片所代表内容的正确率，以及是否能够辨认出哪些是上次实验中出现过的图片，哪些是新的图片。

(2)实验结果报告

如表 2-1 所示，随着年龄的增长，儿童的正确率有明显的提高，报错率有所下降。两周后的再认成绩明显低于间隔一小时的成绩。

表 2-1　不同年龄组的正确率、报错率

年龄	间隔时间			
	1 小时后		2 周后	
	正确率	报错率	正确率	报错率
3 岁	0.90	0.07	0.50	0.23
5 岁	0.98	0.01	0.70	0.23
7 岁	0.97	0.00	0.91	0.06
成人	1.00	0.00	0.98	0.06

同时，实验记录了第一次和第二次再认时被试所需的时间，通过比对，计算出第二次辨认时间与第一次辨认时间相比的节省率，作为衡量内隐记忆的指标。结果如表 2-2 所示，各年龄组在两次再认测试中时间节省率差异较小，这表明内隐记忆的成绩并不随着年龄的增长而提高。

表 2-2　再认测试时间节省率

年龄	1 小时	2 周
3 岁	0.39	0.35
5 岁	0.42	0.39
7 岁	0.46	0.38
成人	0.38	0.37

(二)教育启示

1. 以游戏的方式促进幼儿的内隐学习

之后的研究也证明了与外显记忆相比,内隐记忆系统具有不同的神经机制,而且更为强健和稳定,不容易受到被试变量(年龄、智力、身体状况等)和任务变量(加工水平、刺激类型等)的影响。[①] 从幼儿发展的角度来看,无意识的学习过程更加重要,因为它更加接近幼儿早期的生活和学习状况。幼儿内隐记忆需要调动多种感官的参与,而游戏是调动幼儿参与积极性的重要方式。因此,可以借助游戏的方式,促进幼儿内隐学习,增强内隐记忆。当教授较为复杂的内容时,可以将教育内容和教育目标巧妙地设计到游戏中,通过游戏引导幼儿进行内隐学习。

2. 营造有利于内隐学习的良好环境

内隐学习是一种无意识的学习,其学习过程可以渗透在日常环境中。一方面,应重视家庭环境布置,将教育契机糅合在幼儿周围的环境中。幼儿不断接触环境,会通过内隐记忆,将日常观察与经验转化为内隐学习。例如,家长可以悬挂适宜幼儿学习的图画,放置可操作的玩具。另一方面,通过良好的家庭氛围、成人示范营造良好的文化环境,使得幼儿浸润在高质量的养育环境中,以成人的良好行为为幼儿树立内隐学习的榜样。

六、儿童记忆策略实验

(一)实验介绍

记忆策略是人们为有效地完成记忆任务而采用的方法或手段。这些策略可以帮助我们更好地记忆,包括复述策略、系统化策略等。1966年,弗拉维尔(J. H. Flavell)为考查幼儿园和小学5岁、7岁、10岁儿童的复述策略的自发使用情况及效果设计了一个实验。[②]

1. 实验设计

(1)实验对象

研究者从60所公立学校随机选取被试,每所学校选取幼儿园、二年

① Mckone, E., & French, B., "In What Sense is Implicit Memory 'Episodic'? The Effect of Reinstating Environmental Context," *Psychonomic Bulletin & Review*, 2001(8), pp. 806-811.

② Flavell, J. H., Beach, D. R., & Chinsky, J. M., "Spontaneous Verbal Rehearsal in a Memory Task as a Function of Age," *Child Development*, 1966, 37(2), pp. 283-299.

级、五年级男女生各 10 人。

（2）实验准备

实验所需的图片。

（3）实验程序

实验者先随机给儿童呈现 7 张图片，每张图片上呈现一个物体。实验者依次指出 3 张图片，要求儿童记住。15 秒后，实验者重新呈现那 7 张图片，但顺序不同，要求儿童从中指认出前面主试曾指定的那 3 张图片。在间隔时间内，让儿童带上盔形帽，用帽舌遮住眼睛。这样儿童看不见图片，实验者却能观察到儿童的唇动。

2. 实验结果

（1）实验结果测评标准

通过儿童唇动的次数作为儿童复述的指标。

（2）实验结果

统计儿童使用复述策略的人数发现，20 个 5 岁儿童中只有 2 个儿童（10%）表现出复述行为，7 岁儿童中 60% 有复述行为，10 岁儿童中复述行为达到 85%。在每一年龄组中，用自发复述策略的儿童记忆效果优于不进行复述的儿童。

（二）教育启示

1. 根据儿童年龄特点进行记忆策略训练

儿童并不像成人那样能有意识地、娴熟地运用各种记忆策略来提高记忆效果。儿童在 5 岁以前基本没有记忆策略，要到 10 岁以后才逐步发展出记忆策略。记忆策略的缺乏使得儿童的记忆能力受到限制，不可能达到像成人那样的记忆效果。因此，成人应该根据儿童的年龄特点和已有的能力进行一定的记忆策略训练，如运用复述、提示、线索等方法，帮助儿童进行记忆，提高记忆效果。

2. 采用形象记忆材料提升儿童记忆效果

儿童的认知能力尚处于形象思维水平，还没有达到抽象思维水平，对抽象词的间接记忆较差，而对具体实物和形象词的记忆效果较好。成人应当根据儿童形象思维的特点，多采用形象性的记忆材料，如实物、实物图片、形象的词，少用抽象的、概括性较高的、儿童无法理解的记忆材料。现在有些家长让过小的孩子背诵古诗词，这种机械记忆其实无法真正促进儿童记忆策略的发展。

七、客体永久性实验

（一）实验介绍

客体永久性（object permanence）是指当客体从我们的视野中消失或没有被

察觉时，我们仍然认为物体是存在的。婴儿在感知运动阶段获得的显著进步之一就是客体永久性的发展。皮亚杰对客体永久性进行了深入研究。[①]

1. 实验设计

（1）实验对象

皮亚杰的儿童客体永久性研究主要是观察自己的孩子露西安娜（Lucienne）、杰奎琳（Jacqueline）和罗伦（Laurent）。

（2）实验准备

无。

（3）实验程序

皮亚杰采用非结构式的评价方法研究了儿童客体永久性的发展过程。由于观察对象是婴幼儿，皮亚杰的研究常以游戏的形式出现。在这些游戏中，他与孩子们一起玩耍，观察他们解决问题的能力以及在游戏中所犯的错误。

2. 实验结果

（1）实验结果测评标准

客体永久性概念形成的阶段及其不同阶段的特征。

（2）实验结果报告

皮亚杰发现，在感觉运动阶段还有六个小阶段，这六个小阶段与物体永久性的形成有关。

阶段一（出生～1个月）：没有任何客体永久性概念。

在此阶段可以观察到婴儿对喂养和接触的行为反射，但没有任何与客体永久性有关的迹象出现。

阶段二（1～4个月）："被动期待"。

在阶段二，仍然没有出现与客体永久性概念有关的迹象，但有些行为被皮亚杰认为是形成客体永久性概念的前期准备：婴儿开始有目的地重复以自己身体为中心的各种动作。例如，如果婴儿的手偶然碰到了自己的脚，他也许会反复做出同样的动作，皮亚杰将其称为"初级循环反射"。在这一阶段，婴儿还可以用他们的眼睛追随物体。通常，当一个物体离开其视野时，他们的视线会继续停留在物体消失的那个点上，好像希望这个物体能在此出现。这种现象看上去似乎是客体永久性概念的一种表现，但皮亚杰并不这样认为，因为这时的孩子还不会去主动寻找消失了的物体。如果物体不再出现，他们会把注意转到别的物体上，皮亚杰把这种行为称作"被动期待"。

---

① ［美］Shaffer, D. R., & Kipp, K.：《发展心理学：儿童与青少年》（第9版），邹泓等译，209～213页，北京，中国轻工业出版社，2016。

阶段三(4～10个月)："探索部分被遮盖的物体"。

在这个阶段，孩子们开始有目的地反复操纵在环境中偶然遇到的物体(二级循环反射)。他们开始伸出手来力图抓住那些东西，用力摇它们，把它们拿到眼前仔细观察或放进嘴里。同时，孩子们的快速眼动能力也开始发展，他们的眼睛能追踪到迅速移动或落下的物体。在这个阶段的后期，首次出现了客体永久性的信号。例如，如果孩子们看见了物体的一小部分，那么他们便会开始寻找那些在视线中还很模糊的物体。然而，皮亚杰坚持认为，物体的概念此时还未完全形成。对于这个阶段的婴儿而言，物体的存在并不具有独立性，它是与婴儿自己的行动及感知觉联系在一起的。换句话说，婴儿认为物体只露出一部分的原因是它们正在消失，而不是被其他物体掩盖了。

阶段四(10～12个月)：开始主动寻找完全被遮盖起来的客体。

在第三阶段的最后几周与第四阶段早期，婴儿已经知道即使客体不在视线之内，它们依旧存在。婴儿会想方设法地主动寻找完全被遮盖起来的客体。从表面看，这似乎标志着客体永久性概念已经形成，但皮亚杰认为，这种认知技能尚未得到全面发展，因为婴儿仍然不具备理解"可见位移"的能力。

皮亚杰对出现在阶段四的错误做出了如下解释：这并不是由于孩子们心不在焉，而是由于他们脑中的客体概念与成人脑中的有所不同。对于10个月大的杰奎琳来说，她的鹦鹉并不是已独立于她的行为的永恒存在物。我们先把鹦鹉藏起来，然后孩子在位置A找到了它，于是鹦鹉的概念就变成了"在A位置的鹦鹉"。这一定义不仅依赖鹦鹉本身，而且还依赖它所藏的地方。换句话说，在婴儿的脑海中，鹦鹉仅仅是整个画面中的一部分，而不是一个单独存在的客体。

阶段五(12～18个月)："客体位移后寻找"。

从一岁左右开始，幼儿获得了追踪物体连续可见位移的能力，并且能够在物体最后出现的地方找到它。皮亚杰认为，出现这种现象后，孩子便进入了感觉运动阶段的第五个阶段。然而，皮亚杰指出，真正的客体永久性概念仍未完全形成，因为幼儿还不能够理解皮亚杰所说的"不可见位移"。设想一下：你看见一个人把一枚硬币放在一个小盒子里，然后他背对着你走到梳妆台前，打开了抽屉。当他回来的时候，你发现那个盒子里空空如也，这就是"不可见位移"。当然，你会自然而然地走到梳妆台前，打开抽屉查看。但正如皮亚杰所证明的，这种能力可能也不是天生的。

阶段六(18～24个月)："看不到客体位移也能建构客体"。

最后，孩子们将进入感觉运动阶段的末期，这时客体永久性概念彻底形成。进入这个阶段的标志是他们能找出经过"不可见位移"的物体。皮亚杰认为，客体永久性这种认知技能是真正思维的开始，是运用洞察力和符号来解决问题能力的开始。这就为幼儿进入下一个阶段（前运算阶段）的认知发展做好了准备。在前运算阶段，思想与行动相对独立，思维速度显著提高。换句话说，客体永久性是所有智能的基础。

（二）教育启示

1. 尊重婴幼儿客体永久性能力的发展规律

客体永久性，是指个体能够确信在眼前消失了的东西仍然存在。在这之前，物体在婴幼儿眼前消失，他就不再找，似乎物体已经不存在了。意识到客体永久性是婴幼儿处于智慧萌芽阶段的标志。皮亚杰的实验发现，儿童客体永久性的发展具有阶段性和逐步发展的特点。因此，父母应该了解婴幼儿客体永久性发展的规律，明白不同月龄阶段婴幼儿对消失事物的不同理解，同时为婴幼儿获得客体永久性能力奠定基础。

2. 在游戏中促进婴幼儿客体永久性能力的发展

父母应该根据婴幼儿思维发展的阶段性适时进行教育。感知运动阶段是婴幼儿形成物体永久性概念的时期。因此，在感知运算阶段，父母应充分利用和创造各种环境与游戏帮助婴幼儿形成物体永久性概念。其中父母应该重视游戏的重要作用。游戏不是婴幼儿与生俱来的本能活动，也不是在某一年龄突然出现的活动，它与婴幼儿的智力发展紧密联系，是伴随婴幼儿的成长渐进地发生与发展的。通过观察我们可以发现，在婴幼儿客体永久性形成时期，婴幼儿非常热衷玩"躲猫猫"，这体现出婴幼儿在这一阶段的心理需要。父母应满足婴幼儿的需要，鼓励和支持婴幼儿进行此类游戏，并观察婴幼儿在游戏中的反应，了解婴幼儿客体永久性的发展水平。

八、扩散激活实验

（一）实验介绍

回忆一段经历往往会引起其他具有重叠特征的回忆。回忆一次紧张焦虑的经历，如第一次上课，会提示个体检索发生在最初试图记忆的事件之前和之后的其他紧张焦虑的经历，如考驾照或者结婚。这种现象就是扩散激活（spreading activation）。它最初是在具有语言能力的成人研究中发现的。现在，这种现象也在处于前语言阶段的婴儿（pre-verbal infants）身上被证明了。研究者对婴儿的记忆进行了许多研究，发现有些记忆任务的记忆时间比其他任务长。这为婴儿提供了一种潜在的强大机制。通过这种机制，婴儿可以保留先前经验的影响，从而能够将这些经验作为对越来越长的延迟做出反应的基础。科切特和伯恩(Cochet & Byrne)在 2016 年研究了 2 岁幼儿记忆的保留情况。[1]

1. 实验设计

（1）实验对象

随机招募的 24 名 2 岁幼儿，男女各占一半。所有幼儿在 2 岁生日前后两周接受测试。这些幼儿主要是欧裔，来自有不同社会经济背景的家庭。

（2）实验准备

第一，延迟模拟刺激。对于延迟模仿范式，设计并使用了两套刺激物，即拨浪鼓和兔子(见图 2-4、图 2-5)。

图 2-4　延迟模拟刺激的工具——拨浪鼓
资料来源：Cochet & Byrne，2016。

图 2-5　延迟模拟刺激的工具——兔子
资料来源：Cochet & Byrne，2016。

第二，视觉识别记忆设备。视觉识别记忆设备由三面围墙组成，高 2.05 米，宽 1.56 米、1.57 米、1.56 米，用黑毡覆盖。两台显示器相距 46 厘米。窥视孔

① Cochet，H.，& Byrne，R. W.，"Communication in the Second and Third Year of Life：Relationships between Nonverbal Social Skills and Language,"*Infant Behavior & Development*，2016，44，pp. 189-198.

位于两台显示器中间，摄像机位于窥视孔中。在离背板中间 1 米处放置一张可调节的办公椅。背板上方放置一盏灯，用于照亮参与者的面部（见图 2-6）。

图 2-6　VRM 实验装置、设备和刺激

资料来源：Cochet & Byrne，2016。

第三，视觉识别记忆刺激包括三个计算机生成的类似卡通的面孔，以三维格式呈现。它们分别是一个蓝色的信箱脸、一个黄色的圆形脸、一个红色的方形脸。在演示过程中，刺激物会眨眼或移动嘴巴，被放置在显示器的中心。

（3）实验程序

将 24 名幼儿随机分为实验组和对照组，并分为编码阶段和测试阶段。每名幼儿都参加了两次实验，两次实验间隔 8 周，都在实验室中进行。

第一次实验。对于实验组的 12 名幼儿，一名女性研究者与坐在小桌另一侧的母亲膝盖上的幼儿直接相对。研究者与幼儿互动数分钟，或直到引起幼儿微笑。然后，研究者用两组刺激物（拨浪鼓和兔子）模拟三个动作。每一组刺激物都在幼儿够不着的地方连续模拟。在示范过程中，幼儿不得触摸刺激物或练习目标动作。示范过程持续约 60 秒。演示结束后，母亲立即和幼儿一起站起来，转过身坐在办公椅上，使幼儿面对视觉识别记忆仪中的显示器。在呈现熟悉刺激之前，在两台显示器上同时呈现一个旋转球，持续 13.2 秒，之后立即呈现刺激，持续 10 秒。10 秒结束后，母亲和幼儿离开房间。

对照组的 12 名幼儿从来没有看到延迟模仿任务的目标动作。研究者仅把第一组刺激物放在幼儿面前，让幼儿接触刺激物 60 秒。然后研究者把第二组刺激物放在幼儿面前，让幼儿接触刺激物 60 秒。

第二次实验。8 周后，两组幼儿首先接受延迟模仿范式测试，然后接受VRM 测试。在延迟模仿测试中，幼儿再次坐在母亲的膝盖上，与研究者隔着一张小桌子。测试期间刺激的呈现顺序与演示期间刺激的呈现顺序相同。第一组刺激物在幼儿伸手可及的范围内呈现，幼儿被允许在 60 秒的测试期内接触刺激物。然后，对幼儿进行第二组模仿刺激，并对其行为进行 60 秒的录像。

在延迟模仿测试之后，母亲立即坐在办公椅上，幼儿坐在其膝盖上，面朝 VRM 设备中的显示器。在 VRM 测试中，就像前期一样，在 13.2 秒的时间里，在两个显示器上同时展示一个旋转的球，之后立即出现测试刺激物。熟悉的刺激物和新的刺激物同时出现（在每个显示器上）10 秒。在这一阶段结束时，将新的和熟悉的刺激物的左/右位置再切换 10 秒。用低光摄像机记录幼儿的反应。

2. 实验结果

（1）实验结果测评标准

幼儿注视刺激物的持续时间。

（2）实验结果报告

在 VRM 任务的熟悉阶段，两组幼儿均表现出对熟悉刺激物的较高期待。在延迟模仿测试中，实验组的幼儿产生的目标动作明显比对照组的幼儿多，这表明实验组的幼儿记住了 8 周延迟后的目标行为。实验组幼儿的新奇偏好得分显著高于对照组幼儿的新奇偏好得分。结果表明，任务之间的关联并不依赖语言理解，而是在实验中建立的，即使对幼儿进行了长期的延迟测试，启动和扩散激活也可以延长保留时间。

（二）教育启示

1. 掌握扩散激活在婴幼儿发育过程中的特点

实验发现，扩散激活是一种强大的长期记忆检索机制。婴幼儿能够在事件之间形成多种关联，并不局限于婴幼儿的早期发育或特定的任务，这使他们在出生后的头两年内能够极大地扩展记忆网络。扩散激活可以提高两岁幼儿的记忆力。但由于婴幼儿的遗忘速度相当快，利用扩散激活来促进长期检索的能力是高度适应性的。

2. 利用扩散激活促进婴幼儿记忆力的发展

在教养过程中，在促进婴幼儿记忆力的发展时，可以将不同事件联系起来，扩展婴幼儿的记忆网络。例如，在学习不同颜色时，可以引导婴幼儿把颜色和水果、蔬菜联系起来，以加强婴幼儿的记忆力。在婴幼儿逐渐掌握语言能力后，也可以尝试将语言能力加入其中，以促进扩散激活，增强幼儿的记忆力。

第三章　婴幼儿语言与思维发展

一、婴幼儿语音分辨实验

（一）实验介绍

0～6岁是儿童语言能力迅速发展的时期。自从一百多年前，儿童心理学家普莱尔提出"一切儿童刚刚生下来时都耳聋"的看法以来，关于新生儿何时有听觉的问题至今尚有争论。但是，新生儿已有良好的听觉能力已被许多实验研究所证实。彼得·艾马斯（Peter D. Eimas）在1971年对婴幼儿合成语音识别能力进行了研究。[①]

1. 实验设计

（1）实验对象

26名1～4个月大的婴儿。

（2）实验准备

听觉刺激通过一个并联共振合成器合成，属于人工语音。成人研究发现，当噪声起始时间（voice onset time，VOT）少于25毫秒，听上去是"b"，VOT长于25毫秒听上去就是"p"。因此，研究者制造了6个只在VOT上存在差别，且间隔距离相等的语音刺激，它们的VOT值分别是−20毫秒、0毫秒、+20毫秒、+40毫秒、+60毫秒和+80毫秒（负号表示发生在除阻之前）。可以看到，双唇不送气清塞音"b"有3个变体，与它相应的双唇送气清塞时"p"也有3个变体。结果是通过将婴儿的奶嘴和一个压力传感器连接起来获取的。该传感器能实时提供婴儿吮吸时的数据，特别是吮吸频率（每分钟的吮吸次数）。

（3）实验程序

首先在婴儿没听到任何刺激时获取一个吮吸频率的基线。语音刺激呈现后通常会引起吮吸频率的上升。随着相同刺激的不断呈现，对婴儿的刺激吸引力下降，吮吸频率随之下降。当连续2分钟吮吸频率都低于之前的20％时，换成新的语音刺激，并呈现4分钟。控制组被试则是不更换刺激，再听相同的刺

---

① Eimas，P. D.，Siqueland，E. R.，& Jusczyk，P.，"Speech Perception in Infants，"*Science*，1971，171(3968)，pp. 303-306.

激 4 分钟。与控制组被试的反应相比，实验组被试的吮吸频率不管是上升还是下降，都可作为能辨别刺激的证据。

研究者在预实验中发现，两组被试在听到合成的语音刺激后，吮吸频率都显著上升。此外，VOT 差值在 100 毫秒、60 毫秒和 20 毫秒，且来自不同范畴的刺激对都能引发婴儿的吮吸频率上升。就是说，他们能分辨出这些刺激对。这表明在范畴内选择 VOT 差值为 20 毫秒的刺激对是可行的。因此，实验选择了 20 毫秒作为刺激对的 VOT 差值。

正式实验对两组年龄的被试都设置了 3 个条件：条件 1 的刺激对属于范畴间的刺激，标记为 20D(VOT 值分别为＋20 毫秒和＋40 毫秒)；条件 2 的刺激对来自同一范畴内，标记为 20S(VOT 值分别为－20 毫秒和 0 毫秒，或者为＋60 毫秒和＋80 毫秒)；条件 3 是控制条件，前后刺激不发生变化，标记为 0(从 6 个合成语音中随机选择 1 个)。

对每个年龄组，20D 和 20S 组各有 8 名被试，还有 10 名作为控制组参加控制条件。

2. 实验结果

(1)实验结果测评标准

观测婴儿每分钟的吮吸频率。

(2)实验结果报告

结果发现，在整个实验过程中每分钟的吮吸频率方面，1 个月大和 4 个月大婴儿的表现非常相近。4 个月大婴儿的结果见图 3-1。具体结果发现：在刺激转换前的第 3 分钟，吮吸频率显著高于基线下的频率。所有被试都出现习惯

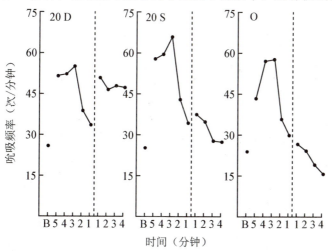

图 3-1　婴儿在三种 VOT 条件下的吮吸频率曲线

化现象，刺激转换前第 2 分钟的频率显著低于第 3 分钟的。将刺激转换后第 2 分钟的频率和转换前第 2 分钟的频率进行比较，发现 20D 条件下有显著提升，而 20S 条件下不存在差异，控制条件下产生下降。

对吮吸频率的平均改变值进行分析，发现两组被试均是 20D 条件下的值显著高于 20S 条件下的值，20S 条件下的值和控制条件的值没有达到 0.05 水平的差异（如图 3-2 所示）。

结果表明，婴幼儿的辨音本领令人惊奇。虽然他们还不会用言语表达，但是具有了分辨能力，这种分辨能力很强，甚至接近成人水平。

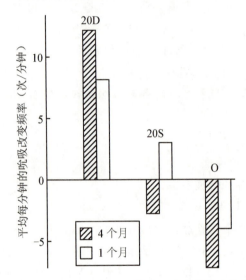

图 3-2　婴儿在三种 VOT 条件下吮吸频率变化值

(二)教育启示

1. 尊重婴幼儿语音分辨发展规律

婴幼儿语音分辨能力发展存在规律性，不同年龄阶段其能力发展不同。为此，家长可以根据不同年龄段采取不同的方法和措施，促使婴幼儿的听觉在培养中得到提高。早在胎儿期，个体的听觉功能就已经具备。随着脑干以及大脑皮质内的听觉区域结构逐渐形成髓鞘，婴儿的听力逐渐变得敏感，有能力分辨语音中的细微差异，对高频反应持续增进，并开始建立听觉分辨和回馈，可以确定声音的来源，对声音产生记忆。婴儿期是人一生中发展最旺盛的时期，应该加强语言的练习，并注意词语的丰富性，促进语言的快速发展。1 岁以后，幼儿听觉的发展主要表现在感知语言、辨别简单的语音方面。早期幼儿在听力方面有了各种进步，能够按照正确的顺序记住所听到的话，并对所听到的话进行认知判断，可以理解各种环境下听到的信息。此时，学会区别噪声环境下的声音是本阶段婴幼儿尚待发展的听觉技巧。

2. 重视婴幼儿语言发展，并注意词语的丰富性

童谣和律动相结合的方式对婴幼儿语音分辨能力具有促进作用。因为童谣的旋律多在低频部分，且童谣具有趣味性，所以哼唱童谣可以凸显语音重要线索，做节拍音韵的互动。例如，童谣《走路》强调每种动物走路的节奏；《小白兔》强调 ai 音。家长应该多给婴幼儿提供童谣和小故事等，增加婴幼儿的兴趣。在输入语言的词类上，不要只注重名词的输入，应该加入不同的词类，如动词、形容词、数量词、代词等。这样，婴幼儿的听觉经验才更丰富，才更容易自然学会用不同的词语、句子进行表达。婴儿出生后，家长一方面要经常反复地给他们哼唱些简单上口的童谣，唱悦耳的歌曲，说充满爱的话语；另一方面，也要观察婴儿听到声音之后的各种反应与身心状态，这对其听觉、情绪、动作等的发展都有极大的好处。

二、婴儿语音知觉实验

（一）实验介绍

在婴儿掌握语言之前，有一个较长的言语发生的准备阶段，即前言语阶段。一般把从婴儿出生到第一个具有真正意义的词产生之前的时期（0～12 个月）划为前言语阶段。但在这个阶段，婴儿就已经表现出了一些显著的语言技能。从生命的早期开始，或许从一出生开始婴儿就具有了某种令人惊异的能力，能够听出物理特征和声学特征几乎相同，但属于不同语音范畴的声音间的区别。同时，很可能从出生开始，婴儿就具有了听觉偏好。语音就是婴儿所喜爱的听觉输入内容，尤其是语音速度缓慢、语调高度夸张的话语形式，即我们所说的妈妈语或指向婴儿的言语。那么婴儿真正能分辨语音是在什么时候？他们对什么样的声音更敏感？彼得·艾马斯进行了婴儿语音分辨实验。[①]

1. 实验设计

（1）实验对象

三四个月大的婴儿。

---

① ［美］Shaffer, D. R., ＆ Kipp, K.：《发展心理学：儿童与青少年》（第9版），邹泓等译，142 页，北京，中国轻工业出版社，2016。

（2）实验准备

婴儿床、录音机等。

（3）实验程序

研究者假设由于重复地呈现或长期接触某一事物，婴儿会感到厌倦，注意刺激的时间越来越短。当出现一个变化的刺激时，他们如果觉察到这一变化，就会重新恢复兴趣，再次集中注意。艾马斯根据婴儿注视时间、发声、吮吸、压力和心率等来推断婴儿对音节的反应。

婴儿躺在小床里。研究者按下录音机的按钮播放出"pa"的音节。这时，护理人员就把橡胶奶嘴放入婴儿口中，婴儿为了吃到奶，会以一种特定的压力吮吸。重复几次，只要护理人员把奶嘴放入婴儿口中，并播放"pa"音节，婴儿便会以特定的压力吮吸。

但是过了一段时间，婴儿对这种情境和动作表现出明显的厌倦，他们吮吸的频率开始降低。这时研究者同时给一组婴儿播放"pa"音节，给另一组婴儿播放与"pa"音节十分相似的音节，给第三组婴儿播放"ba"音节。

2. 实验结果

（1）实验结果测评标准

婴儿听到不同音节的反应。

（2）实验结果报告

结果显示，听到不同音节的婴儿有不同的反应。听到"pa"音节和听到与"pa"音节相似音节的婴儿依然表现出厌倦情绪，而听到"ba"音节的婴儿好像接收到一个新鲜的刺激，又开始增加吮吸奶嘴的频率和压力。

（二）教育启示

1. 充分意识到婴幼儿强大的语言知觉能力

这一有趣的实验告诉我们，婴幼儿接受和学习的能力是很强的。父母应该充分认识到婴幼儿具备强大的语言知觉能力，切勿错误地认为"孩子太小，根本听不懂成人说的话"。

2. 注重运用丰富的语言与婴幼儿互动

实验结果表明，婴幼儿可以识别不同的声音，而且对新的声音刺激更感兴趣。因此，在养育婴幼儿的过程中，父母需要注意用丰富的语音、语调、语言表达与婴幼儿互动。比如，父母在与婴幼儿互动的过程中，可以适当提高或压低声音，模仿动物的声音，用声音表达不同的情绪，吸引婴幼儿的听觉注意，这样可为婴幼儿的后续语言学习奠定基础。

三、语言习得实验

(一)实验介绍

语言对儿童认识和学习周围事物十分重要，只有学会了说话，儿童才能正确表达自己的愿望，才能自由交谈，才能更好地认知、感知、接受和再创造。因此，语言的发展也是儿童心理发展中一个很重要的部分。儿童心理学与生理学研究表明，1.5～3 岁是语言发展最快的时期。儿童语言的迅速发展是一个令人困惑的问题，他们是怎么在那么短的时间内获得大量词汇并掌握复杂的语法体系的？儿童的语言到底是通过先天遗传，还是后天影响获得的？卡兹德(Cazden)在 1965 年通过实验发现成人的语言会影响儿童的语言，模仿在儿童的语言获得中起着重要的作用。[①]

1. 实验设计

(1)实验对象

在日托中心的 12 个年龄在 3 岁半以下的幼儿。

(2)实验准备

准备三种不同的语言环境，如下所述。

(3)实验程序

根据儿童的年龄和语言发展水平，分成 4 组，每组 3 人。每组被试分别置于下述 3 种不同的条件下。

①扩展条件：被试每天接受 40 分钟的强化扩展训练。例如，若儿童说"that cat"，成人应回应"Yes，that is a cat"。

②模仿条件：被试每天有 40 分钟的时间，在与成人进行自然对话的过程中，接受形式完善的句子。

③控制条件：被试待在实验的房间里，熟悉实验情况，但不接受任何训练。

2. 实验结果

(1)实验结果测评标准

在 3 个月的时间里，研究者对幼儿的言语录了音，并请对这项实验条件一无所知的人把录音复制下来；然后，根据 6 种不同语言发展的水平(如句子的

① Cazden，C. B.，"Environment Assistance to the Child's Acquisition of Grammar," Thèse de doctorat，Harvard University，1965.

平均长度、动词的复杂性以及重复句子的能力等），对这些幼儿的言语进行分类整理。

（2）实验结果报告

实验结果发现，扩展条件与控制条件相比，本质上并没有改善幼儿的语法能力。但是，模仿条件下的幼儿在语法上有显著的提高。当然，40分钟集中的扩展条件是一种人为的方式。在日常生活中，父母是以一种自然的、从容的方式对幼儿施加影响的。如果幼儿发现，成人对他们说出的每一句话都加以重复和扩展，那他们就会不再注意这种情况。成人或许会误解幼儿的意思，从而把他们的话扩展成不合适的长句。而在模仿条件下比较自然的对话，可以避免这两种情况，在改善幼儿语言方面具有显著作用。

（二）教育启示

1. 规范语言表达，为婴幼儿语言发展提供良好的环境

模仿是儿童的本性。婴幼儿十分喜欢模仿周围人的一举一动，也同样喜欢模仿周围人的语言。我们常常可以看到，婴幼儿的发音、用词，甚至说话的声调、表情，酷似父母、他所喜爱的人或者媒体上的某些形象。良好的示范榜样，对婴幼儿潜移默化的影响是十分深远的。成人在婴幼儿语言发展关键期，应该规范语言表达，避免语病、音误等。同时，在选择绘本、动画片时，成人也应该注意语言表达，避免给婴幼儿学习语言造成不利影响。在婴幼儿学习语言的过程中，成人特别要注意不能讥笑幼儿和重复婴幼儿错误的发音或语句。

2. 寓教于生活，在日常互动中促进婴幼儿语言发展

在日常生活中，父母应注意在日常互动中促进婴幼儿语言发展。父母应该主动用语言与婴幼儿互动，并积极引导婴幼儿用语言做出反应。父母还可以经常给婴幼儿读绘本，在绘本故事中让婴幼儿接触不同的表达方式，在潜移默化中学习语言表达，为婴幼儿语言模仿提供机会。同时，父母应注意调动婴幼儿表达的积极性，当婴幼儿表达正确时及时给予鼓励、表扬。

四、婴幼儿语言习得实验

（一）实验介绍

国外研究表明，模仿在婴幼儿语言习得过程中发挥着重要作用。那么，在我国儿童群体中，模仿是否同样具有关键作用？我国研究者许政援在1992年对婴幼儿言语的获得进行过系统的研究。该研究证实了言语获得离不开特定的环境，模仿在其中起着重要的作用。①

1. 实验设计

（1）实验对象

11～14 个月大的婴幼儿及其父母。

（2）实验准备

告知父母言语教授的四种形式及其主要内涵。

（3）实验程序

研究者让婴幼儿与父母进行言语活动。其中，父母的言语教授有四种形式：示范、强化、扩展和激励。扩展指父母明确婴幼儿语言和补充其句子。然后，对婴幼儿语言进行追踪观察。在一段时间内，记录婴幼儿的话语及成人与婴儿的对话。

2. 实验结果

（1）实验结果测评标准

婴幼儿的话语及成人与婴幼儿的对话相符率。

（2）实验结果报告

结果表明，婴幼儿在 11～13 个月获得的词语与成人所用的词语相符率高达 80%，这证实了模仿在言语获得中的重要地位。到 14 个月时，上述相符率下降到 38.5%。这是因为婴幼儿言语能力已经提高，开始从交际等其他途径获得词语。婴幼儿在 11～14 个月获得的词类基本上与成人教授的词类相符，这说明婴幼儿处于与成人共同的言语活动中。11～14 个月是婴幼儿自发发音和说出词并存的时期。12～13 个月，自发发音急剧减少，模仿发音达到高峰，14 个月时交际发音有较明显增长。言语获得离不开特定的语言环境，言语能力是在交际中获得的。婴幼儿说出什么取决于他们所处的语言环境。成人对婴幼儿所说的话是婴幼儿言语获得的主要输入来源。

（二）教育启示

1. 科学认识模仿在婴幼儿语言发展中的作用

与卡兹德的实验相似，许政援的研究也支持了模仿理论。11～14 个月婴幼儿言语获得的主要来源是模仿。语法规则只能从与人交往、与环境相互作用中获得。但是，婴幼儿并不是教什么就学什么。婴幼儿的发音能力和经验水平决定了他们并不能模仿教给他们的全部语词。婴幼儿语言是经过有选择的模仿并经过概括而形成的。因此，学习理论和先天论学派的观点可能都不能完全解

---

① 许政援、郭小朝：《11—14 个月儿童的语言获得——成人的言语教授和儿童的模仿学习》，载《心理学报》，1992(2)。

释婴幼儿语言的习得。婴幼儿与环境中的他人互动是影响其获得语言的重要因素。在最初的互动中，模仿起了非常重要的作用，父母应重视对婴幼儿语言能力的培养。

2. 为婴幼儿语言发展创造互动机会

语言本身是在交往中产生和发展的。婴幼儿只有在广泛交往中，感到有许多知识、经验、情感、愿望等需要说出来的时候，其语言活动才会积极起来。增加婴幼儿与成人之间以及同伴之间的交往，是促进婴幼儿语言发展的有效方法。一方面，在生活中，父母可以与婴幼儿多互动，增加语言沟通与交流，引导婴幼儿用语言表达自己的需求和感受；另一方面，随着婴幼儿年龄增长，尤其是在婴幼儿进入托幼机构后，可以引导婴幼儿与教师、同伴互动，促使婴幼儿在交流中增加接触、理解、表达语言的机会。

五、儿童语法习得实验

(一)实验介绍

人类的语言具有复杂的语法结构。儿童要理解和产生某种语言，就需要对该语言的结构有所认识。语法发展是语言发展中的一个部分，主要包括三个方面的内容：词序、曲折变化(以词形变化来表示语法关系)和语调。在学龄期前，尽管没有人对儿童就语言结构进行明确的教导，但是儿童仍然能非常迅速地习得各自语言的语法规则。那么他们是怎么做到的呢？有研究者认为，儿童可能已经形成了调节他们早期言语产生的一般规则，而不是对成人言语的简单模仿。为了验证这种观点，伯克(Berko)设计了一个简单而巧妙的实验，考查儿童语法曲折变化规则的运用情况。[①]

1. 实验设计

(1)实验对象

4～7岁的儿童。

(2)实验准备

带有一些单词的色彩鲜明的卡片。

(3)实验程序

伯克考查的语法方面是曲折变化的结尾，如加上"s"以形成复数，或加上"ed"以形成过去式(played，walked)。为了避免熟悉词汇对儿童的影响，伯克发明了一些没有意义的单词，这些单词遵循了英语构词的规则。以颜色

---

① 边玉芳等：《儿童心理学》，140～141页，杭州，浙江教育出版社，2009。

鲜明的卡片呈现这些无意义的单词图画，一共27张。主试一共12人，都是研究生，母语为英语。儿童被带到主试面前，相互介绍后，主试给儿童呈现图片并读出相应文字，要求儿童进行曲折变化，如说出复数、过去式。

2. 实验结果

（1）实验结果测评标准

儿童能否进行曲折变化，如说出复数、过去式。

（2）实验结果报告

在该实验以及其他类似的实验中，儿童提供了正确的曲折变化结尾。因为这些单词是新创造的，在实际生活中是不存在的。所以，儿童不可能通过强化或模仿而习得。相反，这一研究表明，儿童已经习得了曲折变化的规则，并能够系统地将它们运用于不熟悉的单词。

（二）教育启示

1. 客观看待儿童具备语法习得的能力

虽然并没有人给予语法方面的专门指导，但儿童似乎从一开始便敏锐地感知到这一语法属性。正如伯克的实验所证明的那样，儿童已经在具体语境的基础上习得了语法规则，并将这些规则运用到自己的语言中。因此，成人应该客观看待儿童自身的语法习得能力，充分认识到儿童与生俱来的强大能力。

2. 为儿童语法获得提供有意义的环境

为了促进儿童语法获得，有必要为儿童营造良好的语言环境。一方面，父母作为儿童的关键他人，与儿童接触较多，应该注意语言表达规范，运用正确的语法沟通交流，为儿童提供一个规范的语法习得环境；另一方面，父母可以在阅读绘本时，着重强调语法规则，对儿童常见的句子进行强调。比如，可以让儿童学着自我介绍，熟悉"我是谁""我喜欢什么"的表达。

六、婴幼儿手势对语言和游戏发展影响的实验

（一）实验介绍

手势与象征性行为（语言和象征性游戏）紧密相关，能用一个指示物来表示另一个指示物，同时通过这个动作传达意思。这种双重轨迹是后来语音产生的基准。象征性游戏是婴幼儿学习事物、动作和事件在世界上表现的新方式的一种载体。婴幼儿在玩耍的过程中首先使用动作图式来表达自己的意图，之后主要通过与看护者的互动，用标志性手势代替。本研究旨在考查婴

幼儿手势对语言和象征性游戏的影响。①

1. 实验设计

（1）实验对象

9名婴幼儿（5名女孩和4名男孩）。所有的婴幼儿都来自讲希伯来语的单语家庭。实验者每月在婴幼儿家中对他们进行一次录像，其中8个婴幼儿在8～16个月大的时候进行，1个婴幼儿在10～16个月大的时候进行。

（2）实验准备

一个可活动的区域，区域内的50件物品，录像机以及在场的照顾者。

（3）实验程序

在每一次实验中，实验者在婴幼儿的观察区域内向他们展示50件物品，这样婴幼儿就可以持续地接触到相同的物品。选取婴幼儿日常使用的物品，比如奶嘴、奶瓶、茶匙和碗。所有参与实验的婴幼儿已经能够独立坐着并开始爬行，因此他们能够独立地接触到自己的母亲（或照顾者）和周围的物体。

2. 实验结果

（1）实验结果测评标准

本实验将婴幼儿在观察时间内的全部语言生产进行了编码，包括单一物体游戏、单一物体序列、多对象游戏、多物体序列、物体导向发声、人导发声、物体导向的牙牙学语、人类引导的牙牙学语、陈述式手势、命令式手势、物体导向语言、人类引导语言。实验总共79个测试阶段（每次60分钟），对8种前语言和语言形式以及4种符号行为的频率进行了微观分析。23个测试环节是由被训练过的编码人员以前交流和交流的形式进行编码的。

（2）实验结果报告

实验结果表明，手势与前语言、语言形式和象征性游戏行为的产生有着积极和高度的联系。更具体地说，陈述（声明）性和命令（祈使）性手势被发现与前语言和针对物体及母亲的语言形式的产生密切相关。就象征性游戏行为而言，除了多目标序列，陈述性手势几乎与所有类型的象征性行为相关联。命令式手势是唯一与多目标序列高度相关的手势形式。手势和象征性游戏行为之间的联系是长期的。

---

① Edna，O.，"Beyond the Pre-communicative Medium：A Cross-Behavioral Prospective Study on the Role of Gesture in Language and Play Development，"*Infant Behavior and Development*，2018(2)，pp.66-75.

(二)教育启示

1. 正确认识手势对婴幼儿语言及象征性游戏发展的重要意义

实验研究发现，手势与语言发展和象征性游戏行为的产生有着紧密的联系。因此，教养者应正确认识手势在婴幼儿发展中的重要价值。教养者应及时准确地判断婴幼儿手势所代表的含义，并给予适宜的回应。在婴幼儿开始说话之前，手势是其语言系统的一部分。婴幼儿可能会通过手势表达自己的生理需求、游戏兴趣等。教养者应该通过婴幼儿平时的习惯，判断婴幼儿手势背后的意图，使婴幼儿体会到肢体语言交流的乐趣和重要性。手势是语言学习的"脚手架"，同时也是婴幼儿思维的工具，理应得到教养者的高度重视。

2. 在日常生活中注重发展婴幼儿的手势动作

手势的重要性要求教养者在日常生活中要注意培养婴幼儿手势动作的发展。一方面，教养者要在婴幼儿做出手势动作时，给予及时的语言讲解。例如，告诉婴幼儿通过这个手势想达到什么目的，解决什么问题。另一方面，教养者也要积极创设适宜的游戏环境，并参与其中，通过手势与婴幼儿进行交流。例如，教养者可以创设适宜象征性游戏开展的环境，在游戏情境中使用手势，从而加强手势与象征性游戏行为的联系。

七、婴幼儿早期符号算数实验

(一)实验介绍

早期对儿童数能力的研究是由皮亚杰和他的合作者共同开展的。他们对婴儿前运算能力的描述十分消极，对数的研究也是如此。他们认为婴儿是不具备数量概念的。然而，目前大量的研究发现，这种观点低估了婴儿的实际能力。婴儿存在一个由生物学决定的、人类与其他物种共有的、并且是通过自然选择进化而来的专门的数量心理机制。其中凯伦·温恩(Karen Wynn)在1992年进行的实验有力地证明了婴儿具有初步的理解能力和推理能力。[①]

1. 实验设计

(1)实验对象

67名正常足月婴儿(30名女婴)，平均年龄为8个月零8天(年龄范围为7个月零15天至8个月零18天)。另外还对36名婴儿进行了测试，但由于实验误差(10名婴儿)、设备故障(1名婴儿)或由于过于拘谨(9名婴儿)、缺乏

① Wynn，K.，"Children's Acquisition of the Number Words and the Counting System," *Cognitive Psychology*，1992，24(2)，pp.220-251.

兴趣(16名婴儿)，部分婴儿未能完成至少两对实验而被排除在外。

(2)实验准备

研究者坐在婴儿的座位上，面对着一个黄色的舞台，这个舞台可以被黑色的窗帘遮住。黑色窗帘围绕着舞台，挡住了房间的其他地方，以便于研究者观察、测量婴儿的注视时间。在舞台的后墙上有两个伪装的陷阱门，通过它们，可以把物体放在舞台上或从舞台上移走。两个小屏幕可以旋转到位，从婴儿的角度模糊舞台的某些部分。当屏幕到位时，这些屏幕隐藏了活板门的动作。所用的物体是用蓝色的乐高积木建造的：较小的物体是长方体，大小为1.5厘米×1.5厘米×2.0厘米；较大的物体近似于一个金字塔形状，底部为4.7厘米，高度为3.0厘米。

(3)实验程序

温恩采用了违背预期的研究范式。35名婴儿看到的是加法事件：婴儿看见一个玩具在架子上，然后看见他们面前的屏幕升起，再看到一只手从屏幕后面加入另一个玩具，接着再看到屏幕落下。此时呈现的玩具个数有时候和添加的新玩具的结果预期一样，有时候不一样。例如，在屏幕落下后出现两个玩具(可能的结果)或者出现一个玩具(不可能的结果)。

32名婴儿看到的是减法事件：在这一事件中，先把两只玩具摆在架子上，然后屏幕升起，伸入空手从屏幕背后拿走其中的一个玩具，最后屏幕落下。同样呈现可能的结果(一个玩具)和不可能的结果(两个玩具)。研究者观察婴儿看到结果时的注视反应。

如果婴儿有些原始的加法/减法概念，则会对"不可能结果"感到吃惊，而且会花更多的时间去注视它。

2. 实验结果

(1)实验结果测评标准

婴儿对"不可能结果"的注视时间。

(2)实验结果报告

通过分析婴儿的注视时间，研究者发现，婴儿在可能事件和不可能事件的注视时间上存在差异。婴儿在不可能出现事件上注视的时间更长。但是在加法和减法之间，婴儿的注视时间不存在差异。对此，温恩认为这不是简单地对两种呈现结果做出知觉辨认(说出有一个物体的呈现结果和有两个物体的呈现结果的不同)，而是在看到一个新物体被放入已有一个物体的挡板后面时，在降下挡板后，他会期望看到两个物体。这不仅需要婴儿具有一定的客体永久性和记忆水平，还需要他们具备一些初步的小数加法观念。因此，婴儿预测在移开屏幕时，看到某一数量的玩具。当现实状况违背他们预测的状况时，他们会感到奇怪，会对不可能出现的结果注视更长的时间。

然而，一些研究者对温恩的解释提出疑问，他们认为儿童的反应不是基于"数"的，而是基于呈现物体的总体数量。也就是说，婴儿并没有进行原始的（无意识的）加减运算，而是对在各种序列中呈现的物体数量的变化做出反应。例如，这个实验结果反应的不是婴儿对整数的抽象理解（挡板后面应该是"1"个还是"2"个物体），而是婴儿的行为是建立在实际出现的物体的基础上的，如★与★★相比，其区别更多的是基于感知的，而不是基于概念的。尽管如此，温恩的实验仍具有一定的启示意义。

（二）教育启示

1. 尊重婴幼儿发展特点，促进其早期思维能力发展

婴幼儿从刚出生以来就有着让成人惊叹的能力，从温恩的实验中发现的婴儿的数学计算与推理的能力就是一个典型的代表。因此，成人应该尊重婴幼儿的身心发展特点和规律，正确认识婴幼儿的心理发展水平。同时，成人也要尊重和信任婴幼儿，在了解婴幼儿能力范围的基础上，促进其早期思维能力的发展。具体而言，成人可以在日常生活中锻炼婴幼儿对数量的感知和理解能力。例如，成人可以通过数字游戏、数字儿歌、绘本等让婴幼儿接触数字、数量，丰富早期数学经验。

2. 激发好奇心，引导婴幼儿对新奇事物的关注

当婴幼儿面临冲突的证据时，这种强有力的机制就修正了婴幼儿当前的理论。也就是说，婴幼儿已经显示出一定的认知能力。当事实不符合其已有认知时，他们便会表现出极大的好奇和专注。所以，在养育婴幼儿的过程中，成人可以通过激发婴幼儿的好奇心和吸引其注意，引导婴幼儿自主建构，让他们在兴趣的引导下自主探索，从而发现结论。婴幼儿能够在自主建构的过程中学会发现问题，分析问题，解决问题，所以成人应避免将问题的答案直接告诉婴幼儿，可以运用各种方式引导他们自主寻找答案，必要时予以适当的支持。

八、两组博弈实验

（一）实验介绍

儿童的策略性心理理论（Strategic Theory of Mind，SToM）是一种需要结合心理理论（Theory of Mind，ToM）、策略互动行为（strategic interaction）以及递归思维的复杂推理能力。2014 年，明尼苏达大学的伊泰·谢尔（Itai Sher）和儿童发展研究机构的梅丽莎·柯尼格（Melissa Koenig）等人对儿童在承担不同角色时，策略分析思维是否会有不同发展进行了实验研究。①

1. 实验设计

（1）实验对象

3～9 岁的儿童。

（2）实验准备

若干贴纸。

（3）实验程序

实验者让 3～9 岁的儿童进行贴纸游戏和发送者/接收者游戏这两组博弈实验。在贴纸游戏中，被测试儿童和实验者同时选择 1～5 张贴纸。两个人中拥有贴纸数量少于对方所选数量的一方可以保留自己的贴纸，而另外一方则会失去自己的贴纸。如果双方选择同样数量的贴纸，则双方均不能获得任何贴纸。因此，为了使自身获得更多贴纸，参与者必须想方设法使得自己所选的贴纸数在比对方少的情况下尽可能多。例如，对方如果选择 3 张，自己则应该选择 2 张贴纸。

在发送者/接收者游戏中，儿童担任其中一个角色，另一个角色由实验者来扮演。发送者被告知糖果在两个盒子中的哪一个，而接收者不知情。发送者用手指两个盒子中的任意一个，然后接收者选择其中一个盒子。如果接收者所选的盒子里有糖果，那么他就可以得到这颗糖果；相反，如果盒子里没有糖果，那么糖果归发送者所有。因此，在接收者信任发送者的情况下，发送者如果想得到糖果，就会有欺骗接收者的动机。

实验者预测，年龄很小的儿童可能不会推理，只是天真地参与游戏。但是随着年龄的增长，游戏者将会进行如下递进的推理过程。

①双方都天真地参与游戏，做发送者和接收者时都信任对方。

②A 儿童意识到对方可能会天真地参与游戏从而信任自己；B 根据 A 的推理，选择在做发送者时欺骗接收者，而在做接收者时信任发送者，从而使自己获得糖果。

③A 儿童意识到对方也会按照②那样推理；B 根据 A 的推理，选择在做发送者时欺骗接收者，而在做接收者时不信任发送者，从而使自己获得糖果。

年龄大的儿童会继续上面的推理过程，最终意识到这个推理是无穷尽的，而且对方也知晓这一点。因此他们会采用随机策略，以避免对方从自己重复性

---

① Sher, I., Koenig, M., & Rustichini, A., "Children's Strategic Theory of Mind," *Proceedings of the National Academy of Sciences of the United States of America*，2014，111(37)，pp. 13307-13312.

的系列行为中发现端倪从而获利。

在贴纸游戏中，也存在着相似的递进推理过程。

①儿童天真地参加游戏，选择最多数量的贴纸(5张)。

②A儿童意识到对方可能会天真地参与游戏(对方选择5张)；B根据A推理，选择4张贴纸从而使自己胜利，对方失败。

③A儿童意识到对方也会按照②那样推理；B根据A推理，选择3张贴纸。

④儿童重复以上推理过程，最终选择一张贴纸。

这两个游戏都重复进行多次，实验者可以从中对比观察儿童的初始做法以及通过自我学习和推理之后的做法，同时探究年龄以及工作记忆对儿童策略心理理论以及递归思维的影响。

2. 实验结果

(1)实验结果测评标准

儿童是否会通过推理选择贴纸的数量。

(2)实验结果报告

在贴纸游戏中，如果单独看待每一轮游戏，每次的最优选择都应该是一张贴纸。小于6岁的儿童，随着游戏次数的增加以及年龄的增长，选择贴纸的数量呈现递减趋势。在首次游戏中即选择一张贴纸的儿童，主要集中在6.5～8岁。在多次实验中，可能会因为重复主导而使一方持续获利，即儿童出现对"纳什均衡"的理解而重复选择一张。"纳什均衡"亦称"非合作博弈均衡"，指无论对方的策略选择如何，当事人一方都会选择某个确定的策略，即支配性策略。这种趋势在7岁时达到峰值，而8岁之后又有所改变——儿童有时会选择大数量的贴纸以表现出合作的动机，或是为了迷惑对方使其认为自己会重复这样做，从而获利。

在发送者/接收者游戏中，年龄较小的儿童会从信任模式变为欺骗/不信任模式，年龄较大的儿童则会从欺骗/不信任模式变为信任模式。儿童在首轮会采取单纯策略模式(pure strategy，参与人始终坚持一个对其最有利的策略，而不论对手采取何种策略)。而在积累了经验之后，他们会采取混合策略[mixed strategy，参与人为了不让对手知晓他的行动原则以及选择偏好，从而不断选择对其最有利(或相对有利)的策略]，这些策略往往是因阶段或环境(或其他因素)而不断变化的。

贴纸游戏多次进行的情况下有出现合作的可能，从而使得双方的利益都最大化。而发送者/接收者游戏具有零和属性，完全排除了合作的可能。尽管这两个游戏性质不同，但实验结果均表明，儿童在6～7岁获得了策略性心理理论的能力，从而能够在博弈中没有反馈只有动机分析的首轮游戏中就做出推理后较为复杂的利己选择。

（二）教育启示

1. 在日常生活中加强引导，促进儿童推理能力的发展

博弈中的推理对于学前儿童而言是一种较为复杂的心理活动，要求儿童具备较为成熟的思维。虽然学前儿童可能还不能完全掌握策略性心理理论，在游戏中可能缺乏一定的策略，但在日常生活中，成人可以在互动中引导儿童理解不同的角色。一是在阅读绘本故事时，可以通过问问题的形式，引导儿童理解不同角色的想法，为儿童博弈思维的发展奠定基础。二是成人可以与儿童进行一些智力游戏，同时引导儿童去识别他人的想法与策略。例如，成人可以问"如果是你，你会怎么做""你觉得我这样做会赢吗"等问题。

2. 提供多样化活动机会与形式，丰富儿童生活经验

策略性心理理论的掌握不仅以儿童年龄增长为基本条件，而且也要求儿童具备丰富的生活经验与知识。感知觉、注意、记忆、语言等方面的发展可以为儿童具备策略性心理理论奠定基础。如果儿童注意不集中、记忆能力发展不足，那么儿童也很难具备较好的推理能力。为此，成人可以为儿童提供多样化的活动机会与形式，在活动中丰富儿童的生活经验，促进儿童感知觉、注意、记忆、语言等多方面的发展，为儿童发展推理能力、掌握策略性心理理论提供条件。

九、表象/真相识别实验

（一）实验介绍

里塔·威利斯（Rheta De Vires）为了解儿童对事物表象和事物真实情况分辨的情况，在 1969 年采用实验法对 3～6 岁幼儿的识别能力进行了测验。[1]

1. 实验设计

（1）实验对象

64 个年龄在 3～6 岁的中产阶级家庭的男孩。这些男孩均就读于芝加哥幼儿园或芝加哥实验小学。在进行实验之前，采用斯坦福－比奈量表对被试的智商进行测试，他们的平均智商为 125，范围为 95～168。每个年龄组的被试被随机分配到三个比例相等的实验中，这三个实验分别是猫变狗、猫变兔子和狗

---

[1]　De Vries，R.，"Constancy of Generic Identity in the Years Three to Six，"*Monographs of the Society for Research in Child Development*，1969，34（3），pp. 1-67.

变猫。

（2）实验准备

猫变狗、猫变兔子和狗变猫的图片。

（3）实验程序

每个被试都分两步进行实验。第一步进行猜想游戏，这个步骤的目的是帮助主试和儿童建立融洽的关系，测试是在没有宠物的室外进行的。在和儿童互动一段时间之后，主试会对儿童说："我把我的宠物带来了，它在房间里。你就在这里坐会儿吧，我去看看它是否准备好了，然后把它带给你。"主试离开一会儿，然后助手打开实验室的录像机进行记录，这是为之后视频的转录和准备争取时间。

第二步开始正式的实验。正式的实验在先前已经有过提及，包括三种情况。具体的情况如下。

第一种情况是猫变狗（见图3-3、图3-4）。一只猫戴上一个皮毛制成的面具，变成一只有着狗的眼睛和耳朵的猫。在主试准备好宠物和录像之后将儿童带进实验室，先引导他观察没有戴面具的猫，要求儿童识别宠物猫（第一次采访之后的时间被称为时间1）。在儿童观察的过程中，主试会向每一个儿童提醒："现在你坐在这里，我要带它出去一会儿。过会儿它就会变得不同，你留意它的尾巴，一分钟后我会向你展示。"然后将猫带出实验室，给它戴上狗的面具后将它带进实验室，让猫正面面对儿童，并对儿童说："现在看，它的脸好像狗。现在它是什么动物呀？"（这种转变时间被称为时间2。）

接下来提出其他的问题以了解儿童的认知。比如，对动物身份的识别，动物身份变化的可能性，这种现象的因果关系等。移除面具后再次展示这只猫。要求儿童识别戴面具和不戴面具的动物。如果儿童回答动物变成了一只真正的狗，主试暗示儿童这仍是一只猫。移除面具后，单独给儿童展示面具，然后问它是什么，它是否还活着，是否会咬人。最后，儿童猜想是否有方法把猫变成一只真正的狗，魔术是否会影响这种变化，主试是否会魔法。

图3-3　猫变狗的侧面照

资料来源：De Vries，1969。

图3-4　猫变狗正面照

资料来源：De Vries，1969。

第二种情况是猫变兔子。这组是猫变成了兔子（见图 3-5）。兔子面具也是用橡胶制成的，布满了黑色兔毛。这组的采访情况与猫变狗的情况相同，仅在最后对儿童提出的问题上有所变化。

图 3-5　猫变兔子侧面照
资料来源：De Vries，1969。

第三种情况是狗变猫。这组是先看到狗（戴面具像狗的猫），又看到狗变成了一只猫。儿童准确地看出发生了什么事（意识到猫从来没有变成一只狗）。当儿童认为动物已经变了的时候，就给他们相同的回答，即说不戴面具的是猫。在狗变猫的情况下会有更长时间的访谈。

2. 实验结果

（1）实验结果测评标准

戴上面具之后儿童是否仍能够辨认出动物。

（2）实验结果

虽然在变形过程中猫的半个身子和尾巴不变，但几乎所有的 3 岁儿童都只注意到猫变化后的外貌，一致认为它是一只狗。与之对比，6 岁儿童已能把现象和事实区分开，认为戴了面具的猫依旧是只猫，只不过看上去像一只狗。为什么 3 岁儿童不能在错误的视觉现象和真实身份间做出区分呢？问题的关键在于 3 岁儿童还不能熟练地进行双重编码，即同时以多种方式来认识事物。他们很难同时建构一个物体及其与自身之外的其他类似物体的心理表征。

（二）教育启示

1. 以多种形式丰富婴幼儿的表象

表象是想象的基础和材料，如果头脑中表象积累得多，就会有更多进行想象的资源。因此，父母可以采取多种途径帮助婴幼儿积累丰富的表象。神奇的自然界蕴藏着丰富的形象，是婴幼儿积累表象的宝库，父母可以多带婴幼儿去大自然中游玩，去动物园、博物馆等参观，引导婴幼儿去捕捉自然界中细微的表象，如初春的嫩草、搬粮食的小蚂蚁、蒲公英的花絮等。幼儿也可以通过看动画片、听童话、看图画书等不同方式积累表象。

2. 引导婴幼儿关注事物的本质特征

游戏是婴幼儿最喜爱的活动形式，可以带给婴幼儿很多的乐趣。在游戏中，婴幼儿可以扮演各种角色，推动婴幼儿在想象过程中处于活跃状态。成人可以充分利用游戏活动，发展婴幼儿思维，在角色游戏中引导婴幼儿认识事物的本质特征。比如，可以用语言引导，让幼儿理解他只是扮演了某一个角色，并没有真正成为所扮演的角色。

十、皮亚杰系列守恒实验

（一）实验介绍

守恒是儿童思维发展中的重要内容。守恒是指一种内化的、可逆的操作，代表着儿童掌握了事物变化中的本质的东西不被某个具体的特征所影响。儿童守恒观念的出现是儿童心理发展中一个重要的飞跃。皮亚杰在 20 世纪二三十年代设计了一系列不同内容的守恒实验，对儿童守恒概念的发展进行了探究。[①]

1. 实验设计

（1）实验对象

4～10 岁的儿童。

（2）实验准备

若干实验所需的纽扣、木棒、泥球、玻璃杯、液体。

（3）实验程序

数量守恒实验。主试准备了 20 颗同样的纽扣，取出其中 10 颗排成一排，让儿童将另外 10 颗纽扣一个对一个地摆成另一排。当儿童确认了两排纽扣的数量相等时，皮亚杰将他排的纽扣分成 4 个和 6 个，再次问他们这两排纽扣是否一样多。皮亚杰还把他排的纽扣收拢一些，使两排纽扣的整体长度不一样，再问儿童"这两排纽扣的数量是一样多还是不一样多"（如图 3-6）。

长度守恒实验。主试在儿童面前并排呈现两根相同的木棒，在儿童承认两根木棒长度相等后，把其中一根向右（或向左）移动一段距离，问儿童两根木棒的长度是否相等（如图 3-7）。

重量守恒实验。主试先把两个大小、形状、重量相同的泥球呈现给儿童，在儿童认为两个泥球一样重后，把其中一个做成薄饼状、香肠状或糖果状，问儿童大小、重量是否相同（如图 3-8）。

① 林崇德：《发展心理学》（第二版），212～213 页，北京，人民教育出版社，2009。

阶段1　　　　　　　　　　　　　阶段2

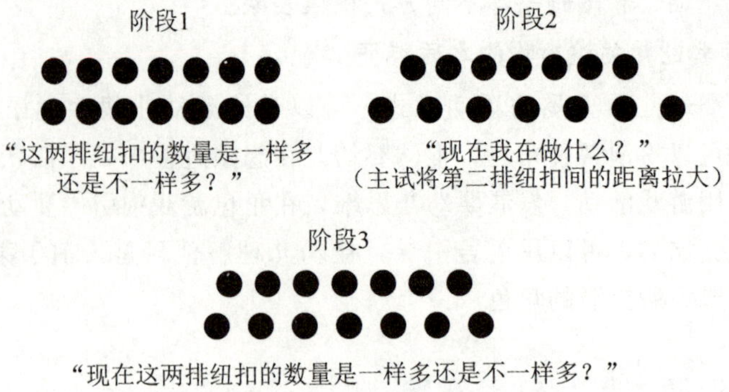

"这两排纽扣的数量是一样多　　　　　"现在我在做什么？"
还是不一样多？"　　　　　　（主试将第二排纽扣间的距离拉大）

阶段3

"现在这两排纽扣的数量是一样多还是不一样多？"

图3-6　　数量守恒

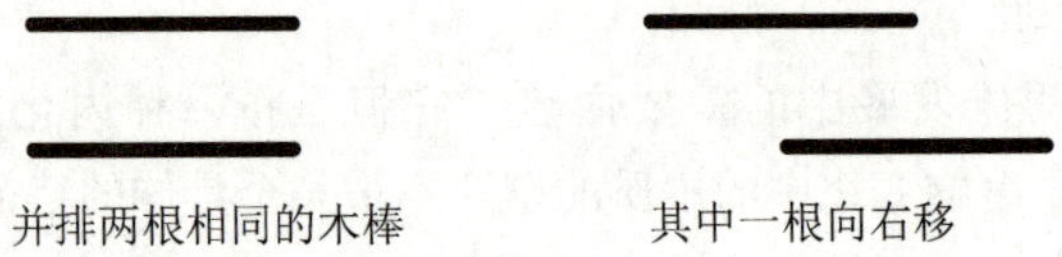

并排两根相同的木棒　　　　　　其中一根向右移

图3-7　　长度守恒

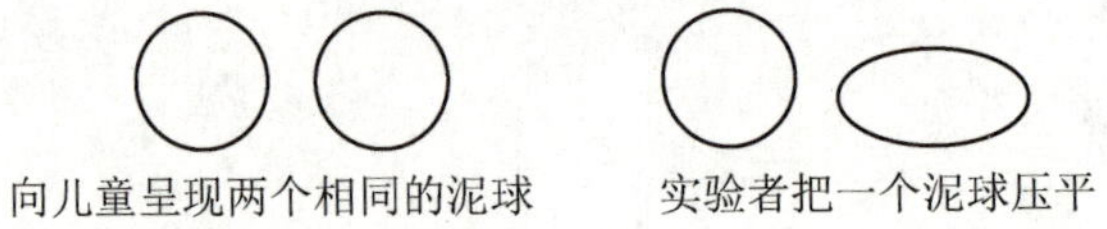

向儿童呈现两个相同的泥球　　　实验者把一个泥球压平

图3-8　　重量守恒

体积守恒实验。主试向儿童呈现两个一模一样的杯子，在两个杯子里装入等量的液体。在儿童认为两个杯子装有等量的液体后，将一个杯子中的液体倒入一个比较高但比较细的杯子里，并问儿童较高杯子里的水与较矮的杯子里的水是否一样多(如图3-9)。

向儿童呈现装有等量　　　实验者把液体从一个杯子倒入
液体的相同的杯子　　　一个比较高但比较细的杯子里

图3-9　　液体守恒

2. 实验结果

(1)实验结果测评标准

物体的形态变化之后，儿童能否判断出该物体的守恒性。

(2)实验结果报告

皮亚杰通过一系列的守恒实验得出，在儿童守恒观念的发展中，有三个阶段。首先，个体只能注意物体的某一方面特征，因而仅能以该特征作为标准进行判断。其次，个体能注意到物体不同方面的特征，有时以这一特征作为判断标准，有时以其他特征作为判断标准。最后，个体能同时兼顾物体各方面特征，综合各方面特征进行反应，此时，便建立了守恒观念。

数量守恒。给儿童呈现两排数量一样多的纽扣，前后排列一致，让他们回答两排纽扣的数量是否一样多，儿童一般都能回答正确。但是如果实验者把其中的一排扩大或缩小间距，改变其外观形态，然后再让儿童回答两排纽扣是否一样多，部分儿童的回答会出现错误。具体而言，在实验中，5岁以下的儿童认为摆出的东西只要一样长，其数目就是相等的；5.5~6岁的儿童认为两排东西一个对着一个，它们的数目就是相等的。如果散开排，儿童就会表现出犹豫不决，他们经常受到外形的迷惑。6.5~7岁的儿童才能坚持他们的信念，不受物体排列方式的影响。

长度守恒。4~5岁的儿童进行实验时会因为主试移动小棍，认为小棍的长度发生变化。甚至当主试指出矛盾时，他们依旧无动于衷。6~7岁的儿童进行实验时，无论主试对小棍的摆法发生任何变化，他们都能正确地说出两根小棍的长度是相等的。这表明儿童到6~7岁的时候才能形成长度守恒的概念。

重量守恒。4~5岁的儿童很少有重量守恒的概念，一般到9~10岁，儿童才能逐渐认识到方形、球形、条形等物体尽管外形不同，但重量是相等的。

体积守恒。大多数3~4岁的儿童会回答细高杯子里的液体"多些"。5~6岁儿童比较犹豫，似乎注意到了杯子的粗细，但是正确比率不高。8岁以上的儿童都能比较顺利地说出答案。

（二）教育启示

1. 尊重成长规律，让儿童有准备地学习

在皮亚杰的理论中，学习顺序的问题特指儿童学习准备性的问题，儿童的学习要有预先的准备性，有准备才能进行有效的学习。他还认为，儿童认知发展必须先于教学，儿童要处于特定的阶段才能掌握某些概念。从某种意义上讲，守恒是思维发展到一定阶段的结果。在教学实践中，教育者切记不要引入那些明显超过儿童认知发展的学习材料。知识是一步步积累的，儿童认知结构只能在其自身基础上，吸收新知识，如此相互促进，逐步向前发展。按照儿童的发展水平，给以相应的知识教育，即可促进其思维更好地发展。教育者应该根据儿童在不同阶段的发展特点进行教育，设计与儿童当前心理发展水平相适应的问题。

2. 创设丰富环境，让儿童主动建构

皮亚杰认为，儿童的发展不是单纯地来自主体，也不是单纯地来自客体，而是来自主体对客体的动作，是主客体相互作用的结果。主体之所以获得知

识，是因为主体的认知结构与客体结构具有同型关系。皮亚杰本人就十分重视儿童早期教育，在教学方法上主张活动教学法，让儿童在活动中建构认知结构。他没有系统地提出过具体措施，但原则是清晰而连贯的，那就是为儿童提供实物和环境，让儿童自己动手操作，帮助儿童提高提问的技能和了解儿童认知发展中存在的困难。教育者可根据儿童的需要创造良好的环境，提供丰富多样的操作材料，让儿童在操作材料的过程中促进自身的发展。教育者要提供探索的机会和互动的机会，让儿童在与环境的互动中实现更好的发展。

十一、信念—愿望推理实验

（一）实验介绍

贝蒂·M. 雷帕乔利（Betty M. Repacholi）和艾莉森·戈普尼克（Alison Gopnik）为了了解婴幼儿对他人想法理解的状况，在 1997 年通过信念—愿望推理实验来探究 14～18 个月大的婴幼儿自我中心思维的发展状况。[1]

1. 实验设计

（1）实验对象

180 名 14～18 个月大的幼儿，男孩女孩各 90 名。父母主动当志愿者参与加利福尼亚伯克利分校的人类发展研究所的研究。由于哭闹或哭泣（14 名）、品尝事物失败（6 名）或父母干涉（1 名），21 名幼儿被排除在外。最后的样本包括 81 名 14 个月大（41 名男孩与 40 名女孩）和 78 名 18 个月大（37 名男孩与 41 名女孩）的幼儿。每个年龄组的平均年龄分别是 14.4 个月和 18.3 个月。

（2）实验准备

两种材料，一种是对幼儿有吸引力的零食（饼干），另一种是相对引不起食欲的生蔬菜（花椰菜）。

（3）实验程序

幼儿在父母的陪同下参与测试活动，被随机分配到 8 个测试中。每个年龄组的相同数量的幼儿被随机分配到两条件中的一个：匹配条件或不匹配条件。假设幼儿对一种食物表现出强烈的偏好而且他们都喜欢相同的食物，研究者提供了一种对幼儿有吸引力的零食（饼干）和一种相对引不起食欲的生蔬菜（花椰菜）。在匹配条件下，实验者回应表示喜欢品尝饼干，厌恶花椰菜；在不匹配条件下，对这些食物的情感正好相反。幼儿在一个中等大的实验室里单独进行

---

① Repacholi, B. M., & Gopnik, A., "Early Reasoning about Desires: Evidence from 14-and 18-Month-Olds," *Developmental Psychology*, 1997, 33(1), pp. 12-21.

测试，大多数幼儿坐在桌子旁的高椅子上。实验者坐在桌子的对面，父母坐在孩子的身后。父母被要求保持中立，限制与孩子互动。实验者给父母提供一本杂志以便他们装作没有时间搭理孩子。一些幼儿（6%）拒绝使用高脚椅，选择坐在父母的大腿上。一段短暂的自由游戏之后幼儿会越来越熟悉实验。幼儿的行为会被全程录像，第二个相机记录了面部表情。

食物请求程序如下。在实验之前开展了"给与拿"的游戏，确保幼儿熟悉食物。随后呈现两个带有食物的碗，幼儿有 45 秒的品尝时间。这段时间允许幼儿表现出他们最初的食物偏好。在这结束后，立即撤去食物。实验者品尝每种食物并表现出指定的表情，每种表情维持 10 秒。当实验者将托盘移向幼儿的时候，伸出一只手且掌心向上，在两碗之间索要食物（问："你能给我一些吗？"）。如果幼儿没有立即提供食物，实验者就收回手。所有幼儿有 45 秒的时间去进一步品尝食物以确定他们的偏好是否改变了实验者的情感表露。

2. 实验结果

（1）实验结果测评标准

幼儿提供哪种食物给实验者。

（2）实验结果报告

数据表明，18 个月大的幼儿没有立即回应他们想要给的食物，也没有简单提供不喜欢的食物作为回应。幼儿明显会使用早期的情绪线索来推断实验者期望的对象。他们分析信息后才决定给哪种食物。此外，即使当幼儿自己的愿望不同于实验者的愿望时，他们也能够做出这样的判断。相比之下，无论实验者的偏好如何，14 个月大的幼儿都会提供饼干（他们喜欢的），他们不理解不同的人会有不同的愿望。

综上所述，我们可以发现，幼儿在 18 个月大的时候，已理解自己和他人的内部心理状态。特别是他们开始理解愿望是指向对象的内部状态：愿望会导致特定行为，他们还能理解愿望和情感之间的联系。他们似乎可以推断出渴望的食物会带来快乐，而不渴望的食物会带来厌恶。最后，幼儿甚至开始理解愿望的主观性，不同的人面对同一事物会有不同的态度。因此，幼儿想象的愿望不仅是内部的或心理的状态，也是主观的状态。我们可以得出这样的结论：18 个月大的幼儿已经对愿望有了相对简单的理解。

（二）教育启示

1. 通过语言交流引导婴幼儿心理理论发展

以信念—愿望推理为核心的心理理论是婴幼儿社会认知领域中的一个关键概念。心理学家认为，如果婴幼儿拥有发展良好的心理理论，他们就能更好地与他人合作和适应日常环境，较为准确地预测他人及自己的认知和情感状态，并协调相互间的关系。① 语言发展与婴幼儿的心理理论发展有密切关系，良好的对话环境有助于促进婴幼儿更多地表达以及沟通彼此间的想法与情感，从而促进他们心理理论的发展。和他人的交流会让婴幼儿了解与自己不同的想法，知道别人有与自己不同的观点和情绪等。因此，成人应该鼓励婴幼儿大胆表达想法，引导婴幼儿使用表示心理状态的词汇。成人可以运用语言有意识地促进婴幼儿关注自己和他人的内心世界。例如，"你心里有什么样的感觉""你认为他心里怎么想"。另外，可以通过故事讨论的形式促进婴幼儿心理理论的发展。图画书或儿童读物中经常有大量与角色、愿望、信念有关的内容。在故事讲述中，成人可以利用这些故事去引导婴幼儿关注并讨论故事中角色的心理状态，尤其是信念。这样有助于婴幼儿意识到心理世界的存在，意识到概念和愿望等心理状态能够改变人的行为。

2. 通过游戏引导婴幼儿心理理论发展

象征性游戏的世界更能让婴幼儿充分表达自己的愿望，并由自己的主观意志来组织。婴幼儿可在自己创造出的想象世界中，扮演各种角色，充分体验所扮演角色的情感、愿望等心理状态。因此，游戏对婴幼儿心理理论的发展具有重要意义。在与婴幼儿一起游戏时，首先，应该丰富婴幼儿的生活经验。游戏是婴幼儿对现实生活的反映，因为婴幼儿的生活经验越丰富，假装游戏的内容也就越充实、越新颖。其次，应该指导婴幼儿进行假装游戏。假装游戏能够促进婴幼儿体验心理表征与客体的差异，促进心理理论的发展。相对于单个婴幼儿进行的假装游戏来说，复杂的、合作的假装游戏更能促进婴幼儿心理理论的发展。在合作的假装游戏中，婴幼儿有和他人相互交流与协商的机会，从而发现不同的人对同一事件有不同的理解。

3. 通过同伴互动引导婴幼儿心理理论发展

人们无论是合作还是竞争，都需要彼此了解对方的意图和想法，需要站在对方的立场上考虑问题。父母可以积极地为婴幼儿创造与同伴交流的机会，经常带婴幼儿到社区或游乐场所活动，帮助他们体验与他人共同活动的乐趣。在活动中，父母可以有意指导婴幼儿了解交往规则，学会注意他人的情绪变化，体会和理解别人的情绪。另外，父母也可以邀请与自己孩子年龄相仿或偏大的孩子到家里做客，让孩子在同伴互动中体会到他人的心理状态，从而促进婴幼儿对自己和他人心理状态的理解，学会分享和合作等亲社会行为。

---

① 倪伟：《儿童信念—愿望推理》，2～3页，合肥，安徽人民出版社，2010。

十二、三山实验

(一)实验介绍

三山实验是皮亚杰和他的助手设计的证明儿童自我中心化的经典实验。[1]实验的目的是通过儿童对他人眼中景物的判断来了解儿童思维发展的自我中心特点，探究儿童看待问题的角度和处理方式。

1. 实验设计

(1)实验对象

3～10岁的儿童。

(2)实验准备

将三座不同的山的模型摆放在桌子中央，一座山上有间房屋，一座山的山顶上有一个红的十字架，一座山上覆盖着白雪(如图3-10)。四周各放一张椅子。主试带着儿童围绕着三座山的模型散步，使儿童可以从不同的角度观察这三个模型。

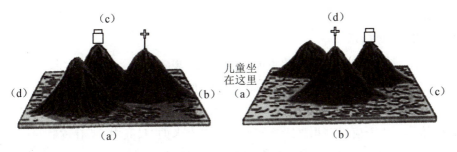

图 3-10　三山模型

(3)实验程序

实验总共分为三个分实验。

第一个分实验，主试让儿童坐在桌子的一边，桌子上放着三座山的模型。主试把第一个娃娃放在桌子周围的不同位置，问儿童"娃娃看到了什么?"(如图3-11所示)。

第二个分实验，向儿童出示从不

图 3-11　儿童和娃娃座位图

---

[1]　林崇德：《发展心理学》(第二版)，210页，北京，人民教育出版社，2009。

同角度拍摄的三座山的照片，让儿童挑出娃娃所看到的那张照片。

第三个分实验，要求儿童按娃娃所见，将三座山排好。

2. 实验结果

(1)实验结果测评标准

让儿童辨别在三个不同位置上娃娃看到的山外形的图片。如果儿童只能从自己的角度出发，而不是从娃娃的观察角度来描述三山的形状，即不能成功完成任务。这说明儿童在对事物进行判断时是以自我为中心的，不能采择别人的观点。

(2)实验结果报告

在三山实验中，不到4岁的儿童根本不懂得问题的意思。4~6岁的儿童不能区分他们自己和娃娃所看到的景色，不管观察者看到了什么景色，他们总是选择他们自己所看到的景色。能够区别不同观点的第一个信号出现在大约6岁时，这时儿童表现出他们知道有区别，但是不能很明确地指出来。在8~9岁，儿童能够理解他们自己与娃娃的观测点之间的某些联系。在这个经典的范例中，8岁以下的儿童被认为是自我中心者，因为他们不能想象出自己以外的任何立场。

(二)教育启示

1. 正确认识儿童发展过程中的"自我中心"现象

皮亚杰的三山实验说明，前运算阶段的儿童具有自我中心倾向，他们还不能设想他人的观点，经常会认为与自己位置不同的其他儿童看到的景色应该与自己相同。成人应当对儿童发展过程中表现出来的"自我中心"有正确的认识。儿童出现"自我中心"意识是其认知发展过程中的必然规律，绝对不是一种道德上的缺陷。所以，成人对学前儿童进行社会教育首先要认识到认知上的"自我中心"并不等于道德上的"自我中心"。一些看似"自私自利"的行为很有可能是儿童单纯从自己的主观意愿和看法出发的，成人要仔细分析和判断，避免无端地斥责儿童，这样才能为儿童的社会性发展提供一个宽松、和谐的支持性环境，才有利于儿童"去自我中心"。

2. 重视游戏和移情训练对"去自我中心"的价值

角色游戏和移情训练对培养儿童换位思考的能力，形成自我意识，促进学前儿童向"非自我中心"过渡具有重要价值。角色游戏的本质在于扮演某个角色，而不是自己。通过角色游戏，儿童可以在短时间内接触多种角色，体验不同人物的内心世界，了解他人的思想感情，从而能脱离自我这一个体，在对象意识的发展过程中提高自我意识的水平。移情是指个体想象自己处于他人的境地，并理解他人的情感、欲望、思想及活动的能力。通过移情训练，主体能更好地辨别和理解他人的情感状态，能更好地站在他人的角度设身处地地理解他人的需要。

十三、警察与小孩实验

（一）实验介绍

按照皮亚杰的理论，前运算阶段的儿童最突出的特点就是思维和言语的自我中心化。这个时期的儿童并没有认识到其他人具有不同的视角或具有不同的观点。儿童是否像皮亚杰所发现的那么"无能"和"无助"？"自我中心"是不是儿童的普遍特点？儿童是否在一切任务面前都逃脱不了"自我中心"？这些问题是继皮亚杰三山实验之后儿童心理学家思索和探讨的问题。人们对三山实验也提出了疑问：儿童是否熟悉实验的情境？因为在现实生活中大人很少要求儿童观察和描述山峰的不同侧面。问题的难度是否适合儿童？一些心理学家通过其他富有情境性和趣味性的实验发现，儿童并非如皮亚杰所认为的那么"无能"，只要给予他们便于理解的、富有情境性的问题，他们也能摆脱"自我中心"的束缚。马丁·休斯（Martin Hughes）的警察与小孩实验，考查了儿童在熟悉情境中的"自我中心"表现。[①]

1. 实验设计

（1）实验对象

30 名 3.5～5 岁的儿童。

（2）实验准备

实验所需的十字架、两个小娃娃。

（3）实验程序

实验由两块交叉的"墙"形成一个十字架。有两个小娃娃，分别是一个警察和一个小男孩。研究者要求儿童把男孩藏在警察看不到的地方。

2. 实验结果

（1）实验结果测评标准

儿童能否把男孩藏在警察看不到的地方。

（2）实验结果报告

结果发现，30 名 3.5～5 岁的儿童 90％回答正确。即使是最小的、平均年龄只有 3 岁 9 个月的儿童，其成功率也达到 88％。后来设计的任务更复杂，

---

① 边玉芳等：《儿童心理学》，153～154 页，杭州，浙江教育出版社，2009。

用"墙"隔成5个或6个区，警察增加到3个，3岁的儿童仍有60％以上的被试回答正确，4岁儿童的成功率则达90％以上。

（二）教育启示

1. 借助熟悉的情境帮助儿童"去自我中心"

按照皮亚杰的理论，前运算阶段的儿童常常以自己为中心进行思考、行动，而不能兼顾其他。皮亚杰的观察结果揭示了儿童发展的一般规律，对客观认识、理解儿童具有重要的指导作用。上述实验在一定程度上得出了与皮亚杰不同的观点，但这并非完全站在皮亚杰关注的对立面。实验结果有助于我们更全面地理解儿童思维的发展特点；更重要的是，为养育过程提供了一定的参考，即成人可以借助熟悉的情境帮助儿童"去自我中心"。例如，当儿童表现得以自我为中心时，父母可以借助儿童熟悉的绘本故事、动画人物来帮助其站在另一个角度看待问题。

2. 尊重儿童思维发展规律，切勿强求儿童

尽管警察与小孩实验表明，在熟悉情境下，儿童能够表现出"去自我中心"的行为，站在他人角度思考问题，但这并不表明3～4岁的儿童已经可以"去自我中心"了。在日常生活中，儿童可能面对陌生的情境，依旧表现出以自我为中心的行为。成人应该客观看待儿童思维的发展特点，包容儿童因年龄不足而表现出的自我中心化行为，切勿强求儿童在所有情境下都表现得"去自我中心"。

十四、推理实验

（一）实验介绍

一旦儿童能够认识他们的世界，利用关于世界的外在表征形成关于世界的概念和范畴，他们就已有了很好的准备，可以进行关于世界的推理和解决世界中的问题。推理和问题解决中的大量发展变化始于婴儿期，延续到青少年期。推理是由一个判断或几个判断推出另一个新的判断的思维形式。它是间接认识的必要手段。幼儿已开始能对生活中熟悉的事物进行正确的推理。但限于经验贫乏，他们的推理经常不合逻辑，表现出用自己的生活逻辑和主观愿望来替代事物和现象本身的客观逻辑的特点。苏联心理学家乌利彦柯娃在1958年设计了三套实验作业来考查儿童进行三段论演绎推理的发展情况。①

---

① 边玉芳等：《儿童心理学》，164～166页，杭州，浙江教育出版社，2009。

1. 实验设计

(1)实验对象

3～7 岁的儿童。

(2)实验准备

一盆水，若干不同大小、形状、用途的积木和其他物品。

(3)实验程序

第一套实验作业是在儿童面前放一盆水，以及若干不同大小、形状、用途的积木和其他物品。它们有的能放在水里浮起来，有的不能浮起来。让儿童把能浮起来的东西都挑出来。儿童如要做出正确的猜测，就需要按三段论式来进行演绎推理，即一切木制物品都会漂浮，这些物品是木制的，所以这些物品都会漂浮。

此外，实验者还设计了第二套和第三套实验作业。儿童如果要完成这些任务，就需要进行演绎推理：一切木制物品都会漂浮，这件物品不会漂浮，所以，这件物品不是木制的。

2. 实验结果

(1)实验结果测评标准

儿童能否正确运用三段论式推理。

(2)实验结果报告

随着年龄的增长，能正确运用三段论式推理的儿童不断增多。而经过有组织的学习，能正确运用三段论式推理的儿童会大大增加。有组织的教学活动对 4 岁以上的儿童推理能力的发展具有较大的促进作用，但是对 3 岁及更小的儿童不起作用。例如，教学前，5～6 岁在两次推理中成功的人数分别为20，20；教学后，成功人数分别提到了 96，88。

(二)教育启示

1. 充分尊重儿童推理能力的发展规律

推理是指个体在头脑中根据已有的判断，通过分析和综合引出新判断的过程。这是个体的一种高级思维，需要进行敏锐的思考与分析、快捷的反应，迅速地掌握问题的核心，在最短的时间内做出正确、合理的选择。儿童推理能力发展的一般规律如下：儿童推理过程随年龄增长而发展，3 岁儿童基本上不能进行推理活动，4 岁儿童推理能力开始发展，5 岁儿童大部分可以进行推理活动，6 岁以上儿童全部可以进行推理活动。成人应该正确认识儿童推理能力发展的一般规律。

2. 有意识地实施教育促进儿童推理能力的发展

实验发现，教育能够促进儿童推理能力的发展。经过有组织的学习，能正确运用三段论式推理的儿童大大增加了。所以，教师可以根据儿童现有的推理能力来进行教学或指导，促进儿童推理能力的提高。由于 4 岁以下的儿童基本无法进行推理活动，对于 4～5 岁儿童的推理活动，成人要尽量提供实物，让儿童通过实际活动和操作来进行推理。这个年龄阶段的儿童的推理过程缓慢，无法快速、灵活地进行，成人要给予他们充足的时间，让他们通过外部语言和动作实现推理。

十五、类比推理实验

（一）实验介绍

我国心理学工作者杨玉英和朱法良在 20 世纪 80 年代设计实验，考查了儿童类比推理思维的发展情况。[①]

1. 实验设计

（1）实验对象

4～7 岁的儿童。

（2）实验准备

实验所需的箱子，92 个不同色、形、质的几何体，10 个盘子。

（3）实验程序

类比推理实验由三个分实验组成。

"配盘"实验，要求儿童根据实验者在盘中放置几何体的某种规则，补上盘中所缺的几何体。

"挑盘"实验，要求儿童找出与标准盘的拼配规则一样的盘，是"配盘"实验的深入。

"组盘"实验，要求儿童在更大范围内灵活运用规则，实验者可以从中进一步考查儿童对类比规则的理解程度。

通过这三个分实验，研究者可以深入探讨儿童类比推理发展的动态过程。

2. 实验结果

（1）实验结果测评标准

儿童能否完成类比推理任务。

（2）实验结果报告

研究结果发现，4～7 岁的儿童类比推理的发展水平随年龄的增长而逐步提高。4 岁儿童大多数只能根据一种表面属性完成操作任务。5 岁儿童有近半

---

① 杨玉英：《4—7 岁儿童类比推理过程发展与教育实验研究报告——儿童推理过程综合研究之二》，载《心理发展与教育》，1987(1)。

数能依据两种或三种属性完成操作任务。6～7岁儿童绝大多数都能依据三种属性完成操作任务。

(二)教育启示

1. 丰富婴幼儿经验，为其推理能力的发展奠定基础

推理能力是儿童较晚获得的心理能力，是个体思维成熟的重要表现。推理能力是个体基于多种信息，分析、判断的思维过程。因此，在这一过程中，个体需要运用多种基本能力，如观察力、注意力。尽管婴幼儿尚不具备推理能力，但在养育过程中，父母可以丰富婴幼儿生活经验，为其推理能力的发展奠定基础。例如，在日常生活中，父母可以引导婴幼儿观察相似物体的相同与不同之处，尝试判断简单的高低、多少等问题。

2. 促进婴幼儿从具体形象思维向抽象逻辑思维过渡

婴幼儿的思维带有明显的具体形象性，但由于经验的积累，特别由于第二信号系统的发展，到幼儿晚期(6岁左右)，在其经验所及的事物的范围内，幼儿开始能初步进行抽象逻辑思维。从具体形象思维向抽象逻辑思维过渡，表现在婴幼儿对事物的性质、内容或关系的理解上，也表现在儿童的判断、推理能力的形成和发展上。为此，父母可以借助事物促进婴幼儿具体形象思维的发展。在幼儿晚期，父母可以尝试帮助幼儿发展抽象逻辑思维，如借助实物让幼儿尝试进行类比推理。

第四章 婴幼儿情绪情感发展

一、母亲静止脸实验

(一)实验介绍

1978年，曼彻斯特大学的心理学教授埃德·特洛尼克（Edward Tronick）做了一项著名的实验，即母亲静止脸实验。该实验通过观察婴幼儿对母亲表情变化的反应，来研究婴幼儿在感知母亲感情和与他人沟通互动方面的需求。[①]

1. 实验设计

(1)实验对象

17名3个月大的婴儿（9名女孩，8名男孩），20名6个月大的婴儿（8名女孩，12名男孩），以及婴儿的妈妈。

(2)实验准备

实验所需的婴儿座椅、凳子、数字定时器和分屏发生器、摄像头、录像机等仪器。

(3)实验程序

婴儿和妈妈被随机分配到面无表情组或对照组。在3个月大的婴儿中，10个婴儿被分配到面无表情组，7个被分配到对照组。在6个月大的婴儿中，12个被分配到面无表情组，8个被分配到对照组。在面无表情组，妈妈被要求在环节1和环节3中（用脸、声音和手）进行正常交流，在环节2中不要讲话，保持平静的表情。对照组的被试被要求在这三个环节都保持正常的互动。所有环节都是2分钟，每个环节之间有15秒的间隔，让妈妈的视线从婴儿身上移开一会儿。婴儿座椅安放在妈妈面前，婴儿坐在上面。中间安装两个摄像头，一个朝向母亲，另一个面对婴儿，将实验过程通过数字定时器和分屏发生器输入一个录像机中，以记录妈妈和婴儿的反应，供之后分析。具体程序如下。

① Tronick, E., Als, H., Adamson, L., et al., "The Infant's Response to Entrapment between Contradictory Messages in Face-to-Face Interaction," *Journal of the American Academy of Child Psychiatry*, 178，17(1)，pp. 1-13.

环节 1：妈妈坐下和孩子玩耍。她和孩子打招呼，积极互动。孩子随便指不同的地方，妈妈顺着看。妈妈做出不同的表情配合孩子的需求。

环节 2：妈妈面无表情，不对孩子做出任何反馈。无论孩子做出怎样的反应，妈妈都需要保持面无表情。

环节 3：妈妈开始回应孩子的动作和语言，安抚孩子的情绪。

2. 实验结果

（1）实验结果测评标准

每组婴儿行为记录包括：①婴儿盯着妈妈（脸、手或身体）；②花时间看妈妈的时间百分比。对每个年龄组分别进行两方面的分析。

（2）实验结果报告

实验证明，3 个月大的婴儿和 6 个月大的婴儿对妈妈互动的表情与声音的变化都很敏感。在之后的研究中还加入了妈妈与婴儿之间是否接触的对照。结果发现，3 个月大的婴儿的敏感度似乎更依赖于和妈妈的身体接触。婴儿从成人那里学习情绪的相关知识。他们从很小的时候就对成人的脸非常感兴趣，并且能回应成人的表情。特别需要指出的是，妈妈的表情是婴幼儿学习的参照，能够给婴幼儿足够的安全感。

（二）教育启示

1. 增强亲子互动，营造良好的亲子关系

首先，父母在抚养方式上应该敏感细腻，善于观察和发现婴幼儿的情绪变化，及时满足婴幼儿的需求，使婴幼儿的消极情绪及时得到排解。其次，父母要创设温馨和谐的亲子交往氛围，保持亲密的亲子互动。融洽的亲子关系能为婴幼儿提供身体和情感的安全依赖，促使婴幼儿与父母形成安全的依恋关系。最后，父母应增加与婴幼儿身体接触的机会，给他们安全感并帮助他们调节情绪。身体的亲密接触是一种无声的安慰，可以发挥依恋对象情绪调节的"外部组织者"的作用，帮助婴幼儿及时排解消极情绪。

2. 保持积极情绪，采取积极的教养方式

首先，树立良好的榜样，以积极的情绪感染婴幼儿。父母的情绪调节方式会潜移默化地影响婴幼儿自我情绪调节策略的形成和应用。观察学习是婴幼儿的学习方式，婴幼儿会在日常生活中观察父母如何处理自己的情绪，并在日后相似的情境中模仿运用。其次，父母在养育婴幼儿的过程中，及时、主动关心婴幼儿，给予婴幼儿安全与温暖。积极养育的表达方式有很多，如多对孩子微笑，给孩子信任支持的眼神。父母应尽量避免在孩子面前板起面孔、面无表情，不要将自己的消极情绪带入与婴幼儿的互动中。

二、婴儿社会性微笑实验

(一)实验介绍

婴儿在出生后 5 周左右学会对人脸和玩具微笑，这时就产生了社会性微笑。婴儿喜欢被人逗引，有人接近他就笑，离开他就哭。年幼的婴儿通过微笑打开和成人交流的大门。当他们学会一项新的技能时，会通过微笑或大笑来告诉成人："看，我会吃手了!"婴儿温暖的笑容也激励照护者给予更多的关心和爱护。可以说，微笑为亲子之间营造了一种温馨的、支持性的心理环境，也有利于婴儿的发展。埃尔斯沃思(Christine P. Ellsworth)等人在 1993 年进行了一项有趣的研究，来验证 3 个月大的婴儿的微笑是否具有社会性。[①]

1. 实验设计

(1)实验对象

12 名婴儿，6 名男婴和 6 名女婴，平均年龄为 3 个月。这些婴儿都是来自以英语为母语的中产家庭，母亲的平均年龄为 29 岁。

(2)实验准备

婴儿椅、屏幕。

(3)实验程序

实验开始后，把婴儿放在观察室的婴儿椅中。观察室中有一个 46 厘米×56 厘米的屏幕，婴儿距屏幕 43 厘米。通过屏幕向婴儿呈现 4 个不同的刺激物：一个陌生人和三个不同程度像人脸的木偶。每个刺激物呈现 90 秒。

2. 实验结果

(1)实验结果测评标准

婴儿对不同刺激物的反应，包括表现出的兴趣以及是否对刺激物微笑。

(2)实验结果报告

虽然对于这些刺激的移动，婴儿均表现出浓厚的兴趣，但是很少有婴儿对木偶笑，即使是很像人的木偶。婴儿更喜欢对成人微笑，甚至伴随着愉快的声音。婴儿对人脸和木偶不同的反应表明，他们已经清楚地知道了人的独特性和社会性。

结合已有的研究可以发现，婴儿一开始的微笑并不具有社会意义。一般婴

① Ellsworth，C. P.，Muir，D. W.，& Hains，S. M.，"Social Competence and Person-Object Differentiation：An Analysis of the Still-Face Effect," *Developmental Psychology*，1993，29(1)，pp. 63-73.

儿的微笑会经历三个阶段。

第一阶段是婴儿自发的笑，主要是在婴儿刚出生到 5 周，这种微笑常被心理学家称为"嘴的微笑"。有研究者甚至认为婴儿在出生后的 2～12 小时就会出现像微笑一样的面部运动。这种微笑通常发生在婴儿的睡眠中或困倦时，是突然出现的，而且极细微，最明显的表现是：翘起嘴角，嘴周围的肌肉运动。此时当婴儿的生理需求得到很好的满足时，他就会自发地微笑，以向成人发出"我吃饱了""我喝足了""我感觉很温暖""我觉得音乐很悦耳"等信号。

第二阶段是无选择的社会性微笑，是在婴儿出生 5 周到 3 个半月的时候。在这个时候，最容易引起婴儿微笑的是人的声音和面孔，尤其是看到大人的点头、微笑和听到愉快的声音。到第 8 周，婴儿可以对着一张不移动的脸持久地微笑，但这个时候，他还不能对其他人的微笑进行区分。3 个月时，婴儿会对着面向自己的人脸微笑，无论这个人的表情是生气还是高兴，但对侧面对着自己的人脸没有反应。这个阶段的微笑本质上是婴儿愉快的感觉，婴儿开始注意到外界环境中人的作用，表现出了没有选择的社会性微笑。7～20 周的婴儿成功地得到他人注意或重新得到他人注意时，就会出现"腼腆"的微笑。这种微笑就是一种来自婴儿认识的满足感，他们好像对自己的指挥和控制能力感到得意。

第三阶段是有选择性的社会性微笑，是在婴儿 3 个半月之后。婴儿越来越有能力分辨熟悉的脸和其他的事物，这个时候开始出现有选择性的社会性微笑。所谓有选择性的社会性微笑，就是对熟悉的人笑得更多，笑容更加无拘无束。这种微笑是真正意义上的笑——出声的笑，是一种喜悦而积极的笑。从第 4 个月出现出声的笑开始，笑的次数随年龄的增加而增加，不仅社会性微笑会增多，其认知性微笑也会增多。5 个月以后，当婴儿感到他们有能力让某事发生时，他们会更积极地微笑。这种微笑可能没有任何社会意义，与任何人都没有关系，是典型的认知性微笑。

(二)教育启示

1. 满足婴幼儿的生理心理发展需求

婴幼儿在第一阶段的微笑是生理性的。只要生理条件得到满足，婴幼儿就会笑。因此，在婴幼儿刚出生时，父母应当以合理的喂养、良好的护理为重点，满足婴幼儿的生理需求。另外，母亲在细心照料婴幼儿的同时，应给予婴幼儿各种积极的情绪与表情，用眼神、笑容、声音与孩子交流，满足婴幼儿成长的需求，逐渐形成独特的亲子互动关系。在积极的照护下，婴幼儿可以更多地产生自发性微笑，从而更好地向微笑的第二阶段发展。

2. 通过积极的亲子互动帮助婴幼儿形成安全的依恋关系

依恋是一种积极的、充满热情的相互关系。婴儿与照顾者之间的相互作用不断强化着这种情感上的联结。所有未来人际关系的模型都是从婴儿早期与父母或其他主要照顾者的互动开始的。如果婴儿早期缺乏关心、爱抚，他们就很难建立良好的依恋关系，认知与社会性的发展会受到影响。父母亲特别是母亲是建立亲子依恋的"主角"。母亲要多和婴幼儿说话，多哼唱歌曲，多搂抱婴幼儿，多与婴幼儿一起玩耍。

三、婴幼儿生气情绪实验

(一)实验介绍

生气是人类的基本情绪之一。在这些有关生气的发展研究中，许多研究只是从声音、行为上总体考查婴儿在挫折情境中的挫折感或者负性情绪，如脸红、哭泣以及其他行为线索。何洁从更为可靠的指标——面部表情入手考查4个月大和9个月大婴儿的生气情绪。[①]

1. 实验设计

(1)实验对象

291名(男孩135名，女孩156名)4个月大的婴儿参加了该项研究及其后续的追踪研究。

(2)实验准备

一个能转动的五彩风车，婴儿椅及录像设备。

(3)实验程序

首先，采用手臂受束缚任务考查婴儿4个月时的生气情绪。该任务改编自美国心理学家高顿斯米与罗斯巴特(Goldsmith & Rothbart)的"实验室气质成套评定法"(LAB-TAB；前运动阶段版)。主要操作方法如下。让婴儿坐在事先准备好的婴儿椅上，母亲则站在婴儿身后轻轻地将婴儿的双手按在婴儿身体的两边，这一过程持续不超过1分钟。在此过程中，母亲需要保持中立，不能用任何言语和行为来安慰婴儿。如果婴儿大声哭闹20秒以上，或者母亲提出终止，则立即终止任务。任务停止之后，母亲把婴儿抱起来，用平时使用的方法抚慰婴儿，该过程记录60秒。

其次，用该系统考查婴儿9个月时的生气情绪。在婴儿9个月时，实验者给婴儿呈现一个会转动的五彩风车，当婴儿对玩具产生兴趣时，站在婴儿身后

---

① 何洁：《婴儿生气情绪及其对行为发展的作用》，博士学位论文，浙江大学，2009。

的母亲轻轻地把婴儿的双臂按在他的身体两侧，该过程至多持续 30 秒；然后母亲松开婴儿的双臂，婴儿可以继续玩玩具 30 秒，之后母亲继续把婴儿的双手按住。婴儿至多经历 3 次这样的手臂受束缚。如果婴儿大声哭闹 20 秒以上，或者母亲提出终止，则立即终止任务。

2. 实验结果

(1)实验结果测评标准

用生气表情(潜伏期、频率、强度)作为生气情绪的指标，分别考查婴儿在手臂受束缚阶段表露出生气的快慢、生气的多少以及生气的强度。实验主要采用艾克曼(Ekman)的面部活动编码系统(FACS)对婴儿的生气表情进行编码。具体反映生气表情的活动单元包括眉低垂(AU4)，上眼睑上抬(AU5)，双眼变窄(AU7)，嘴唇紧张(AU23)，嘴唇张开(AU25)，下颚下垂(AU26)等。以 5 秒作为一个编码单元，考查婴儿是否出现生气表情，生气的强度(低、高)，以及生气的潜伏期(从手臂受束缚开始至第一次出现生气表情的时间)。低强度的生气指至少两个脸部单元(眉、眼睛、嘴)出现一瞬而过、轻微的生气表情。高强度的生气指至少两个脸部单元(眉、眼睛、嘴)出现清晰的、持续的生气表情。

为了区分生气和其他负性情绪，实验人员也记录婴儿是否出现伤心、厌恶情绪。挣扎行为编码：挣扎行为指的是婴儿希望摆脱束缚的肢体活动，具体分为踢腿、手臂拉伸、弓背或扭转等整个身体运动。以 5 秒作为一个编码单元，记录婴儿挣扎行为的潜伏期，频率和强度(低、高)。低强度的挣扎行为指 1～2 次踢腿、手臂拉伸、弓背或扭转；高强度的挣扎行为指持续的踢腿、手臂拉伸、弓背或扭转。哭闹编码：婴儿在手臂受束缚过程中的哭闹，具体包括烦躁、呜咽。

相比对 4 个月大婴儿挣扎行为的细分(踢腿、手臂拉伸、弓背或扭转等整个身体运动)，9 个月时只对总体的挣扎行为进行编码，包括挣扎行为的潜伏期，频率和强度(低、中、高)。低强度指 1～2 次踢腿、手臂拉伸，或者身体轻微摇晃、扭动；中等强度指频率较高的踢腿、手臂拉伸，或者低幅度的全身活动；高强度指持续整个编码单元的，大幅度的全身活动(弓背、扭转)。相比对 4 个月大婴儿哭闹(烦躁、呜咽、哭泣)的细分，9 个月时只对总体的哭闹潜伏期，频率和强度(低、中、高)进行编码。低强度指轻微的、可能难辨是否消极的低吟；中等强度指持续时间较短(1～2 秒)，但清晰的呜咽；高强度指几乎持续整个编码单元的哭泣或尖叫。由于 9 个月时的婴儿手臂受束缚情境加入了玩具，研究者也需要编码婴儿对玩具的总体投入度(低、高)以及在手臂受束缚过程中注意玩具的持续时间。

（2）实验结果报告

209 个婴儿完成了 4 个月时的手臂受束缚任务，从面部表情的编码上看，至少在一个编码单元中表现出生气的婴儿有 166 个（79.43%），30 个婴儿（14.35%）表现出厌恶，39 个婴儿（18.66%）表现出伤心。154 个婴儿完成了 9 个月时的手臂受束缚任务，其中 137 个婴儿（88.96%）至少在一个编码单元中表现出生气，6 个婴儿（3.90%）表现出厌恶，31 个婴儿（20.13%）表现出伤心。由于除生气之外，厌恶、伤心等其他情绪的出现频率都较低，所以这些情绪的频率不作为连续变量进入以下分析。配对 t 检验结果表明，9 个月婴儿比 4 个月婴儿具有更长的生气潜伏期，更高的生气频率和相对更高的生气强度（$p<0.01$，$p<0.01$，$p<0.01$），具体见表 4-1。

表 4-1　4～9 个月婴儿生气情绪的发展

变量	4 个月			9 个月	
	n	M	SD	M	SD
生气潜伏期	105	2.91	2.63	1.81	1.15
生气频率	118	0.45	0.36	0.53	0.35
生气强度	82	1.55	0.38	1.72	0.31

资料来源：何洁，2009。

（二）教育启示

1. 正确认知婴幼儿生气情绪的发展特点

生气是一种正常的情绪反映，婴幼儿生气情绪的发展是遵循一定规律的，教养者在进行情绪教育时需首先理解这一情绪发展的规律。根据情绪分化理论，新生儿存在积极和消极两种情绪状态，随着年龄的增长，逐渐分化出生气、伤心等具体情绪。4 个月大的婴儿已经具有稳定的生气表情，即已经具有稳定的生气情绪。这一结果说明随着有关手段—目的的知识的获得，4 个月大的婴儿越来越知道自己想要什么，也开始理解自身活动和期望目标之间的关系，当这些目标无法实现时，他们就会表现出生气。从 4 个月到 9 个月，婴儿的生气情绪会显著增长。

2. 积极引导婴幼儿合理表达生气情绪

在大脑神经系统快速发展的婴幼儿期，家长要引导孩子形成健康的生气表达模式。首先，家长应接纳孩子的生气情绪，尊重孩子生气的权利，同时引导孩子接纳自己的生气，采取社会能接受的方式来表达，学习应对挫折的方法。其次，引导孩子用语言和身体运动表达生气。例如，当婴幼儿生气时，告诉婴幼儿可以通过和家长一起丢沙包、跑、跳等来缓解情绪。最后，通过亲子绘本共读帮助孩子学习情绪表达。家长可以和孩子一起阅读此类题材的绘本，如《生气汤》《菲菲生气了》《生气的亚瑟》等，让孩子学习如何正确表达生气这一情绪。

四、儿童情绪理解能力实验

（一）实验介绍

庞斯（Pons）和哈里斯（Harris）在 2002 年研发了情绪理解测验——TEC（test of emotion comprehension）。该测验工具已经在不同民族、不同年龄的儿童中应用，具有良好的效度和信度，是了解儿童情绪理解能力发展的良好工具。情绪理解能力在一定程度上受到文化背景的影响，因此，卓美红将TEC 应用在中国文化背景下，对我国 2～9 岁儿童的情绪理解能力进行了系统性的评估。[①]

1. 实验设计

（1）实验对象

314 名 2～9 岁的中国儿童。

（2）实验准备

本研究将 TEC 测验内容的呈现由原本的纸笔测试材料呈现转换为电脑呈现。先将原测试材料中的所有图片进行扫描，按照原呈现顺序和方式编制成电脑程序。程序也分两个版本的图片，男女各一套。程序开始后，需先进行男女版本的选择。大概的过程可以分为两个步骤：①当呈现出一个给定的卡通故事时，实验者讲述有关角色的故事；②在听完故事后，要求儿童从 4 张可能的情绪结果中指出最恰当的一张图片，对故事主人公做情绪归因（呈现在故事之后）。儿童的回答是非言语的、封闭的和自发的。这 4 个可能的结果中有两个消极情绪（伤心/害怕，伤心/生气，或者害怕/生气）和两个非消极情绪（高兴/一般）。正确答案在 4 幅图片中的位置在测试项目之间进行了系统的变化。在某些情境中，会增加一个控制问题。控制问题的引入是为了检验儿童对情境的理解程度。整个测验分为 9 个组块，按固定的顺序呈现。每个组块评估了情绪理解的一个特定成分：①表情识别（比如，识别一个高兴的人的脸）；②情绪线索的理解（比如，故事主人公被一个妖怪追赶时的情绪归因）；③愿望的情绪理解（比如，在同一情境下两个有着相反愿望的故事人物的情绪归因）；④信念

第四章 婴幼儿情绪情感发展

---

① 卓美红：《2～9 岁儿童情绪理解能力的发展研究》，硕士学位论文，浙江大学，2008。

的情绪理解(比如,一只正在享受胡萝卜而不知道后面树丛中躲着大灰狼的小白兔的情绪归因);⑤情绪暗示的理解(比如,故事主人公正在怀念他刚失去的宠物时的情绪归因);⑥情绪调节的理解(比如,对一种心理策略,如"想些别的事情"对主人公停止伤心的理解);⑦真实和表面情绪的区分理解(比如,对被捉弄后却还对另一个孩子微笑,为了掩饰他的沮丧的情绪理解);⑧混合情绪的理解(比如,对主人公刚收到一辆很漂亮的自行车作为生日礼物却又担心自己作为新手可能摔倒时的情绪理解);⑨道德情绪的理解(比如,对主人公做了坏事但是没有向妈妈承认时的情绪理解)。

(3)实验程序

由一名经过训练的实验者负责所有被试的 TEC 测验。首先,将儿童带到位于他们教室附近的安静房间,然后告诉儿童:"接下来,我们将要看一些图片,看完图片后要回答一些小问题,完成任务后将给予一定的奖励。"在程序运行后,选择正确的版本,即给男性被试提供男孩主人公,给女性被试提供女孩主人公。随后,大概的过程可以分为三个步骤:①呈现一个给定的卡通故事,实验者讲述有关角色的故事;②在讲完故事后,呈现 4 张可能的情绪结果图片,要求儿童从中指出最恰当的一张图,对故事主人公做一个情绪归因(呈现在故事之后);③将鼠标移动至儿童选择的图片上,单击即可。按键进入下一个故事情节。结果直接自动保存在相应文件夹下,无须再手工记录。

2. 实验结果

(1)实验结果测评标准

为与前人研究结果进行比较,本研究中的计分方式采用与庞斯和哈里斯等研究者相同的计分方式,具体如下。①表情识别:包含 5 个项目,回答正确 3 个以上得 1 分,否则得 0 分。②情绪线索的理解:包含 5 个项目,回答正确 3 个以上得 1 分,否则得 0 分。③愿望的理解:包含 2 个喜欢控制项目和 2 个讨厌项目,回答正确全部项目得 1 分,否则得 0 分。④信念的理解:包含 1 个控制项目和 1 个测试项目。若未能回答正确控制项目,则进行纠正和帮助。在测试项目中回答正确得 1 分,否则得 0 分。⑤情绪暗示的理解:包含 1 个控制项目和 1 个测试项目。若未能回答正确控制项目,则进行纠正和帮助。在测试项目中回答正确得 1 分,否则得 0 分。⑥情绪调节的理解:包含 1 个项目,回答正确得 1 分,否则得 0 分。⑦真实和表面情绪的区分理解:包含 1 个项目,回答正确得 1 分,否则得 0 分。⑧混合情绪的理解:包含 1 个项目,回答正确得 1 分,否则得 0 分。⑨道德情绪的理解:包含 2 个控制项目和 1 个测试项目。若未能回答正确控制项目,则进行纠正和帮助。在测试项目中回答正确得 1 分,否则得 0 分。⑩三个成分群得分:"外部的"群,由表情识别、情绪线索理解和情绪暗示的理解三个项目得分相加而成；"心理的"群，由愿望的理解、信念的理解、真实和表面情绪的区分理解三个项目得分相加而成；"反省的"群，由情绪调节的理解、混合情绪的理解和道德情绪的理解三个项目得分相加而成。⑪情绪理解总体水平得分：将以上 9 个项目得分相加，即得到情绪理解总体水平得分。每个情绪成分的得分范围是 0 或 1 分，每个成分群的得分范围是 0～3 分，情绪理解整体水平的得分范围是 0～9 分。

(2)实验结果报告

将儿童按年龄进行分段，从最小的 2 岁及以下，到最大的 9 岁及以上，共分 8 阶段。将年龄、性别对情绪理解的 9 个成分及总体水平得分进行方差分析(ANOVA)，探讨不同成分的发展异同，及各个成分的发展先后序列。以表情识别这一成分的分析结果为例，经方差分析检验，年龄的主效应显著，性别的主效应并不显著，性别与年龄不存在交互作用。

儿童识别这 5 种基本情绪的能力发展有着不同的趋势。4 岁以上的儿童已经能够正确识别伤心、生气、害怕和高兴，而对于一般情绪的表情，要 5 岁以上才可能完全正确识别。经比较分析(LSD)后效检验发现，在伤心情绪识别、生气情绪识别、害怕情绪识别中，2 岁组、3 岁组及 4 岁以上组三组之间有显著差异($p \leqslant 0.001$)；在高兴情绪识别中，2 岁组与 3 岁组无显著差异，均与 4 岁以上组有显著差异($p \leqslant 0.001$)；在一般情绪识别中，2 岁组与 3 岁组之间无显著差异，但与 4 岁组、5 岁以上组之间有显著差异。

而单独将各年龄组中的各种情绪识别能力做单因素方差分析(One-way ANOVA)，发现 2 岁组以及 5～9 岁组，在各种类别情绪识别方面并没有显著差异；经 LSD 后效检验发现，3 岁组中，高兴、一般和害怕情绪之间无差异，伤心和生气之间无差异，而这两组之间有显著差异；4 岁组中，伤心、生气、害怕三种消极情绪识别和高兴积极情绪识别之间均无差异，而均与一般情绪识别之间有显著差异。且单个样本 t 检验发现，2 岁儿童的反应已明显高于随机水平 0.25。

由以上结果可以推断：儿童的表情识别能力的发展主要集中于 2～4 岁，4 岁以上儿童能够准确识别基本情绪的表情。而不同类别的情绪表情的识别能力发展又稍有差异：伤心、生气、害怕等消极情绪表情识别在 2～4 岁平稳发展，高兴情绪表情识别在 3～4 岁发展迅速；一般情绪表情识别在 3～5 岁平稳发展，比前面 4 种情绪要稍微晚一些。

TEC 的 9 个成分均随着年龄的增长而逐渐发展。表情识别和情绪线索识别是最早发展的，均在 4 岁左右就发展完善。相比而言，表情识别又稍早，从 2 岁就开始发展；而情绪线索识别则从 3 岁开始，但是发展非常迅速，在 4

岁时已可以完全识别情绪线索。真实和表面情绪的区分、情绪暗示、情绪调节、信念理解，四者有着较为相似的发展趋势，基本上都在 6 岁时有显著的提高。混合情绪的理解和道德情绪的理解则是 9 个成分中发展最晚的。混合情绪的理解在 8 岁时有明显的提高，道德情绪的发展在 6 岁和 9 岁时均有一定发展。

（二）教育启示

1. 尊重婴幼儿情绪理解能力发展的基本规律

该实验结果表明，婴幼儿对真实和表面情绪的区分理解，以一种内隐形式出现在 3～4 岁，但是直到 5～6 岁时才能清楚地口头表达。这一发展结果是符合儿童心理能力和神经系统发育特点的。教养者在面对不同年龄阶段的婴幼儿时，应时刻牢记该年龄阶段婴幼儿情绪理解能力发展的水平和特点，以尊重婴幼儿情绪理解能力发展规律为基础和前提，对婴幼儿进行情绪理解教育。

2. 通过多种策略促进婴幼儿情绪理解能力发展

多种策略可以有效提升婴幼儿情绪理解能力。常用的婴幼儿情绪理解能力的培养策略主要有三个方面，分别是认知策略、情感策略和行为策略。其中认知策略包含的具体方法为阅读绘本、观看视频和做游戏；情感策略包含的具体方法为师幼互动、亲子互动和情绪识别；行为策略包含的具体方法为艺术行为指导和戏剧表演。在日常生活和教学中，教养者可根据具体情况，综合采用不同的培养策略，促进婴幼儿情绪理解能力的发展。

五、失望情境下婴幼儿情绪表现规则实验

（一）实验介绍

个体在需要没有得到满足的失望情境下会引发生气和伤心等负面情绪，但社会和文化规则可能会要求我们将这种负面情绪降到最低，以一种可接受的方式表达出来。3～4 岁的儿童开始对自发的情绪表达进行控制。研究者也认为失望情境下更多的负性情绪及更少的失望掩饰被认为和攻击行为、反社会行为、破坏行为极高的风险儿童有关。因此，1994 年，科尔（Cole）等人研究了失望情境下 4～5 岁学龄前儿童表达控制的能力和破坏行为间的关系。[1]

---

[1] Cole，P. M.，Zaha-Waxler，C.，& Smith，K. D.，"Expressive Control During a Disappointment：Variations Related to Preschoolers' Behavior Problem，"*Developmental Psychology*，1994，30(6)，pp.835-846.

1. 实验设计

（1）实验对象

79名4～5岁的儿童。

（2）实验准备

相关问卷：父母版儿童行为检核表（Child Behavior Checklist，CBCL）；教师版儿童行为检核表（Teacher Report Form，TRF）；Eyberg儿童行为量表（Eyberg Child Behavior Inventory，ECBI）；教师版学龄前儿童行为问卷（Preschool Behavior Questionnaire，PBQ）；麦卡锡儿童能力量表（McCarthy Scales Of Children's Abilities）。[1] 在一般智力量表（General Cognitive Index，GCI）中得分低于70的排除在外。

失望情境创设所需的材料：8个小玩具（五颜六色的小物体），其中有几个是坏的；一排8个标有数字（表示喜欢程度）的小格子。

（3）实验程序

第一，被试风险评定。

风险等级评定（risk classification）：父母报告的CBCL全表T值分数大于等于70T的学龄前儿童被认为是高风险儿童，分数大于等于60T、小于70T的被认为是中等风险儿童。再用TRF来筛选那些被母亲评定为中等或低风险，但在教师眼中属于高风险的儿童，将85%位置作为高风险划分点，70%位置作为中等风险划分点。然后将位于ECBI和PBQ常模一个标准差之外，或在观察分析时被研究者排除在低风险组之外的儿童评定为中等风险儿童。最终，31名位于高风险组（20名男孩、11名女孩），28名位于中等风险组（20名男孩、8名女孩），23名位于低风险组（11名男孩、12名女孩）。这三组儿童在人口统计学上不存在差异，在GCI上同样不存在差异。将CBCL、TRF中和DSM-III-R中一致的症状项目挑选出来，获得品行障碍、对立违抗障碍、注意缺陷、抑郁和焦虑的分数。前3个症状分数构成外化问题分数，后两个构成内化问题分数。

第二，失望情境。

一位女性研究者（主试1）先让儿童对8个小玩具根据喜欢的程度进行排位，依次放在8个小格子中（这些格子连在一起构成一排，并用记号标明喜欢的程度）；随后告诉他们等接下来的任务完成后会给他们最喜欢的那个玩具。有几个玩具是坏的，这样能强化其不被儿童希望得到的程度。

---

① 秦金亮、王恬：《儿童发展实验指导》，201页，北京，北京师范大学出版社，2013。

失望情境分为社会情境（social segment）和非社会情境（nonsocial segment）。前者是女性研究者在场，后者是儿童1人在场。如果儿童单独在场时表现出负性情绪，而与主试在一起时没有表现出来，能加强推断：儿童掩饰了其失望情绪。两个场景的存在也可以考查风险儿童是否在两个场景下都会有更多的负性情绪或掩饰得更少。在与研究无关的认知任务结束后，主试2把儿童最不喜欢的玩具藏在手中来到房间。她把玩具放在桌子上，然后坐下，收集纸质文件，时长60秒，整个过程采用中性表情和正常的目光接触。如果儿童和其交流，就用中性的语调音（如"嗯"）回复。随后站起来对儿童说她去找主试1，儿童接着单独待60秒。主试1回来后问儿童一系列问题以了解其能否说出情绪的掩饰/展露规则。这些问题如下。

①任务做得怎么样？

②你得到奖励了吗？

③这个奖励是你想要的吗？

④你没有拿到最想要的，或得到这个玩具，是什么感觉？

⑤（主试2的名字）知道你的感受吗？

⑥（如果不知道）你是怎么不让他知道的？（如果知道）你是怎么让他知道的？

⑦我想肯定有什么出错了。你想换回另一个玩具吗？然后主试1把小格子拿过来让儿童自己挑选想要的玩具，接着主试2过来向儿童道歉，说自己搞错了。

2. 实验结果

（1）实验结果测评标准

情绪编码：基于FACS和MAX对面部动作和声音线索进行编码，以确定5种基本情绪（高兴、害怕、生气、伤心和厌恶），混合情绪及整体情绪状态。由经过专业训练但不清楚儿童行为背景的编码者逐秒编码。编码一致性系数从0.58到0.81。编码者对每种负性情绪的强度峰值也进行评估，其他的变量还包括：每个场景下每种情绪或混合情绪占总时间的百分比、第一个负性情绪出现的潜伏期、出现时间最长的负性情绪的持续时间。

行为编码：由另一组团队进行，主要是对30秒内的以下行为进行编码。

①主动自我调节（active self-regulation），比如试着修好玩具，用语言进行自我宽慰，玩玩具；②消极忍受（passive toleration），比如安静地坐着并做一些中性的评论（如问玩具是怎么弄破的）；③破坏行为（disruptive behavior），如不正确的攻击（扔玩具、对主试使用粗鲁无礼的言论）和阻止测试（试着离开房间等）。编码一致性系数分别为0.87、0.69和0.72。

（2）实验结果报告

第一，情绪分析。对获得的数据进行正偏态转换，对频率进行平方根转换。首先将场景(2—社会/非社会)作为被试内变量,将风险状态(3—高/中/低)和性别(2—男/女)作为被试间变量,对积极和消极情绪的总秒数进行多元方差分析;其次对消极情绪和其动态特性(潜伏期、强度和持续时间)进行非参数检验,每个情境下的风险状态和性别都分开分析;再次使用相关分析考查情绪表达和行为间的关系;最后用5个症状分数来考查情绪调节的困难度是否和外化问题存在关系。

结果发现,高兴情绪下存在显著的情境效应,在社会场景下儿童会出现更多的高兴情绪$[F(1, 73)=61.66, p<0.0001]$。在社会情境下:$M=0.16$,$SD=0.21$;非社会情境下:$M=0.03$,$SD=0.07$。在负性情绪下,性别主效应$[F(1, 73)=9.22, p<0.01]$,风险等级和情境存在交互作用$[F(2, 73)=6.26, p<0.01]$,风险等级、情境和性别存在交互作用$[F(2, 73)=3.54, p<0.05]$。具体来说,相比女孩$(M=0.27, SD=0.28)$,男孩有更多的负性情绪$(M=0.45, SD=0.40)$。在社会情境下,低风险男孩出现的负性情绪要少于高风险男孩;在非社会情境下,低风险女孩出现的负性情绪少于高风险女孩。更详细表现见图4-1。

具体的情绪分析只发现男孩风险越高,出现的生气情绪越多$[x(2, N=79)=6.87, p<0.03]$:低风险,30%;中等风险,52.6%;高风险,78.9%。对动态特性分析,有意思的发现是在非社会情境下,低风险儿童表露第一个负性情绪的潜伏期更短$[F(2, 73)=3.65, p<0.05]$。低风险:$M=4.9$,$SD=8.5$;中等风险:$M=12.6$,$SD=3.8$;高风险:$M=11.1$,$SD=11.6$。在非社会情境下,男孩的情绪强度峰值高于女孩。

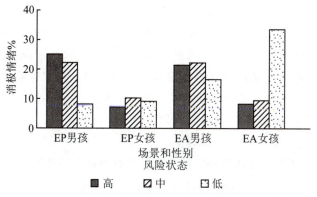

图 4-1　男孩和女孩在两种情境下的负性情绪表现

资料来源:Cole et al. ,1994。

第二,行为分析。在社会情境下,主动自我调节出现得更多(相比非社会情境）；相比低风险儿童，高风险和中等风险儿童有更多的破坏行为。总体来说，大部分儿童在失望情境下进行了调节，但不是所有都能成功维持这样的情绪。负性情绪的最小化和高兴情绪与自我调节存在相关。负性情绪，特别是生气和破坏行为存在相关。在社会情境下，生气和男孩的对立违抗障碍、注意缺陷多动障碍及品行障碍存在相关；相比潜伏期和强度，负性情绪的持续时间和行为问题的关系更为紧密。在非社会情境下，女孩的负性情绪，特别是生气和伤心的混合情绪和品行障碍及注意缺陷多动障碍存在相关，负性情绪的持续时间与行为问题相关性最高；男孩的生气和对立违抗障碍同样存在相关，负性情绪潜伏期和焦虑存在关系。

所有的儿童都承认他们想把玩具换回想要的那个。当问儿童拿到不想要的玩具是什么感受时，32名儿童感到伤心（sad），16名儿童觉得恼火（mad），8名儿童表现出其他负性情绪（yukky、bad），其余23名儿童报告模糊情绪或没说什么。63名儿童认为主试不知道他们的感受，但其中只有7名儿童真正使用了良好的表情或交流调节。

总之，研究表明，在社会情境下，儿童较少表露出负性情绪，但独处时表现出较多的生气、厌恶等负性情绪，且高风险男孩展露出更多和更长时间的负性情绪；在非社会情境下，低风险女孩有着更多的负性情绪。男孩的生气情绪与破坏行为、对立违抗行为相关，女孩负性情绪的最小化和注意缺陷及品性障碍相关。

（二）教育启示

1. 帮助婴幼儿建立正确的情绪表现规则

无论是儿童之间的交往，还是成人之间的交往，都必须遵循一定的社会交往规范。情绪表现规则作为社会交往规范中非常重要的部分，不仅关系着婴幼儿情绪情感的健康发展，而且与个体未来的社会适应和情绪体验息息相关。婴幼儿期（0～6岁）作为情绪表现规则建立的重要时期，应该得到教养者的关注。在日常生活中，教养者可以通过榜样学习、绘本阅读等方式，让幼儿正确认识自己的情绪，学习符合社会规范的情绪表现规则，并选择合适的情绪表现方式。

2. 根据男孩和女孩情绪表现的差异，有针对性地给予引导和教育

实验结果表明，男孩和女孩的情绪表现规则发展情况不同，教养者在日常生活中，也应注意情绪表现的性别差异，有针对性地给予引导和教育。针对高风险男孩情绪调节能力相对较弱的情况，教养者应给予更多的关注和引导，可以通过抓住生活中的教育契机来改善高风险男孩的情绪调节。例如，当男孩情绪失控时，教养者描述他此时此刻的情绪状态，引导他冷静下来，然后再及时

告诉他遇到这种情况时可以怎么做。针对女孩的情绪表现规则，教养者也应给予充分的观察、识别，引导她们在社会情境和非社会情境下表达适宜的、积极的情绪。

六、婴幼儿情绪理解的社会参照实验

（一）实验介绍

婴幼儿认识和理解这个世界的途径之一是观察学习，对情绪的理解和学习也不例外。例如，很小的婴儿就能够理解成人的微笑表情和笑声，以此来安慰自己。当婴幼儿面对无法理解的情境时，他会先看向父母，若父母的反应是平静的，则婴幼儿的情绪也会较为平静；若父母是焦虑的，婴幼儿的情绪也会呈现焦虑，这一过程就是社会参照。为探究婴幼儿是否能够根据成人的情绪反应来推测他人的喜好，研究者进行了如下实验。[1]

1. 实验设计

（1）实验对象

108 名 14～18 个月大的幼儿，男孩和女孩各占一半。

（2）实验准备

实验用的桌子，蔬菜和饼干若干。

（3）实验程序

幼儿被随机分成两组。实验开始后，主试向幼儿呈现蔬菜和饼干。在一组情境中，主试表现出喜欢吃饼干，而不喜欢吃蔬菜。在另一组情境中，主试表现出喜欢吃蔬菜，但不喜欢吃饼干。实验者要求幼儿向主试分享自己手中的蔬菜或饼干。

2. 实验结果

（1）实验结果测评标准

当幼儿能够给喜欢吃蔬菜的主试分享自己手中的蔬菜时，表明幼儿能够通过他人的情绪理解其喜好，反之则不能。当幼儿能够给喜欢吃饼干的主试分享自己手中的饼干时，表明幼儿能够通过他人的情绪理解其喜好，反之则不能。

（2）实验结果报告

实验结果表明，14 个月大的幼儿往往无法理解主试的偏好，他们经常将自己喜欢吃的饼干分享给主试（一般来说幼儿更喜欢吃饼干）。而 18 个月大的

① Repacholi，B. M.，& Gopnik，A.，"Early reasoning about desires：Evidence from 14-and 18-month-olds.，"Developmental Psychology，1997，33(1)，pp. 12-21.

幼儿则能够根据主试的喜好来分享自己手中的食物。这就说明18个月大的幼儿能够根据成人的情绪反应来推断其喜好，具备了一定的情绪理解能力。

（二）教育启示

1. 描述和解释婴幼儿的各种情绪

婴幼儿对情绪的学习和理解离不开成人的教授和引导。其中，向婴幼儿描述和解释生活中经常出现的各种各样的情绪状态是非常重要的一种方式。例如，当婴幼儿开心地微笑时，父母可以告诉婴幼儿："爸爸给你买了新玩具，你很开心对吗？所以你笑着跑向了爸爸，你在向爸爸表达你的喜悦是吗？"再如，当婴幼儿哭泣时，父母也要温柔地和孩子说："我知道你很难过，你哭了，因为弟弟抢了你的玩具。"这种及时的描述和解释可以很好地帮助婴幼儿认识自己的情绪状态，也能为婴幼儿以后的情绪理解奠定基础。

2. 通过多种方式帮助婴幼儿调适负性情绪

合理地表达情绪是婴幼儿情绪健康发展的又一重要目标，教养者可以通过多种方式帮助婴幼儿调适负性情绪，合理表达情绪。一是可以通过情绪绘本阅读和戏剧表演的方式，告诉幼儿生气等负性情绪的表达方式有哪些，如可以画一幅画，可以自己玩一会玩具等。二是鼓励婴幼儿在游戏中学习情绪表达方式。游戏是婴幼儿喜欢的社交方式，在游戏中他们的学习和接受能力都更强，教养者可以将情绪知识贯穿在与幼儿的游戏中，通过生动形象的游戏教给婴幼儿合理的情绪表达方式。三是鼓励同伴游戏，让婴幼儿有更多的机会在与同伴的互动中表达自己的情绪和想法，学会解决冲突。

七、陌生情境实验

（一）实验介绍

依恋是指个体间在情感上甚为接近而又彼此依附的表现，是一种积极的、充满深情的人际交往，主要表现在母子之间。英国心理学家约翰·鲍尔比（John Bowlby）最早提出了"依恋"这一术语，并在后续的一系列研究中多次提到，依恋并非仅仅产生于母亲的喂食行为，而是生命系统的一个重要组成部分。它存在于整个生命历程中，在儿童期最为突出。因为儿童只有将父母作为安全港湾才能充分地探索周围的世界。其后越来越多的研究者涉足婴幼儿依恋行为研究。而在有关依恋的研究中，如何测量儿童的依恋是困扰研究者的一大难题。依恋的质量及个体差异、依恋的影响因素等内容难以通过单一的测量标准来解释，集多种测量于一体的陌生情境测验法应运而生。安斯沃斯（Ainsworth）等研究者采用陌生情境法，利用母婴分离反应，即利用婴幼儿在受到中等程度压力之后接近依恋目标的程度，以及由于依恋目标而安静下来的程度，设计了一个陌生情境并进行实验，对婴幼儿的依恋进行测量，研究婴幼儿在陌生的环境中及与母亲分离后的行为和情绪表现。[1]

1. 实验设计

（1）实验对象

12～18 个月大的健康婴幼儿。

（2）实验准备

陌生人，玩具，有单面镜的实验室，录像机。

（3）实验程序

陌生情境法共包括 7 个情境，这些情境对婴幼儿的威胁性逐渐增强，能更好地激活婴幼儿的依恋系统。该实验是实验室实验，一般在有单面镜的实验室里进行，并录像。具体步骤如表 4-2 所示。

表 4-2　陌生情境的 7 个片段

片段	现场人物	持续时间	情境变化及行为
1	婴幼儿、母亲	3 分钟	婴幼儿自由探索，母亲观察
2	婴幼儿、母亲、陌生人	3 分钟	陌生人进入，沉默不语 1 分钟后与母亲交谈 1 分钟后和婴幼儿玩耍
3	婴幼儿、陌生人	3 分钟	母亲离开，陌生人与婴幼儿活动
4	婴幼儿、母亲	3 分钟	母亲返回，陌生人离开
5	婴幼儿	3 分钟	母亲离开，婴幼儿独自探索
6	婴幼儿、陌生人	3 分钟	陌生人返回，与婴幼儿活动
7	婴幼儿、母亲	3 分钟	母亲返回，陌生人离开

资料来源：秦金亮等，2013。

2. 实验结果

（1）实验结果测评标准

在此过程中，研究者全程观察和记录婴幼儿的行为和情绪，其中主要观察

---

[1] Ainsworth，M. D. S.，Blehar，M. C.，Waters，E.，et al.，Patterns of Attachment: A Psychological Study of the Strange Situation，Hillsdale，NJ：Erbaum，1978.

记录的婴幼儿的行为包括：①操纵玩具时的活动方式；②啼哭与紧张表情；③引起母亲注意的尝试；④尝试与陌生人接近的倾向等。研究者特别注意观察的是，每次母亲回来时婴幼儿的动作与表情。这个测验给婴幼儿提供了三种潜在的难以适应的情境：陌生环境(实验场所)、与亲人分离和与陌生人相处。通过测验来研究婴幼儿在这三种不同情境下表现出的探索行为、分离焦虑反应和依恋行为等。

（2）实验结果报告

研究者根据实验中婴幼儿的不同行为表现，将婴幼儿对母亲的依恋行为分为两种类型：安全型依恋(secure attachment)和不安全型依恋(insecure attachment)，其中不安全型依恋又分为不安全—回避型和不安全—对抗型。

安全型依恋的婴幼儿约占65%，具体表现为：他们把母亲视为安全基地，母亲在场时会自行探索，陌生人出现也能友好以待。他们在母亲离去时会紧张甚至啼哭，在重聚时会欢迎或接近母亲。如果感到不安，他们会通过与母亲身体接触来寻求安慰。在准备重新玩玩具之前，他们不会转移视线，表现出生气。在这个情节结束之前他们的游戏水平会恢复到分离之前。

不安全—回避型依恋的婴幼儿约占25%。这部分婴幼儿对场景的变化反应冷淡，母亲在时他们不注意甚至生气，与母亲分离时很少哭泣。在重聚的情节中，他们不会欢迎或接近母亲；在刚重聚时忽视母亲的到来。

不安全—对抗型依恋的婴幼儿约占10%。他们在和母亲分离时很可能哭泣。当母亲回来的时候，他们经常继续哭泣。他们经常看母亲，但不太积极接近母亲。在被母亲抱起来的时候，他们不太配合，不容易被安抚。当母亲给他们玩具的时候，他们经常拍打玩具或打母亲，继续表现出痛苦。当母亲把他们放下时，他们会继续哭泣。

（二）教育启示

1. 帮助婴幼儿建立安全感，促进婴幼儿探索周围世界

首先，安全感是婴幼儿健康发展的基础。因此，儿童早期(0～6岁)最为重要的是帮助婴幼儿建立对周围人和世界的安全感，为其营造一个适合探索的环境和氛围。许多研究证明了安全感对一个人的心智健康发展有着重要的影响。埃里克森的发展阶段理论指出，信任感是儿童时期发展的重要内容，儿童在信任与不信任之间形成健康的平衡状态，转化为生命初期的安全感或不安全感。这些情感体验将成为婴幼儿探索周围世界的重要保障。只有在一个安全的环境氛围中，婴幼儿才会通过各种形式来探索周围世界。其次，良好的亲子依恋关系能促进婴幼儿探索行为的真正发生。有母亲在婴幼儿身边时，他们感到安全，对周围事物产生兴趣并积极探索。婴幼儿主要通过直觉行动思维来认识世界，能够积极探索的婴幼儿，其认知能力一般发展较好。因此，在儿童早期教育，尤其是家庭教育中，成人应关注婴幼儿安全依恋关系的建立。

2. 主动观察并积极回应婴幼儿的情绪情感需要

由实验可知，不安全—回避型婴幼儿表现冷淡，不安全—对抗型婴幼儿经常表现出生气或消极被动的样子。低质量的亲子依恋关系对婴幼儿情绪情感的发展有比较大的负面影响。因此，要创设温馨和谐的亲子交往氛围，关注婴幼儿的情绪情感发展。父母在对婴幼儿的养育中，应该敏感、细腻，善于观察和发现婴幼儿的变化（尤其是情绪方面），及时满足婴幼儿的需求，使其消极情绪及时得到排解。父母应该让孩子感受到来自父母的关心，表达的方式包括多对孩子微笑，给孩子信任支持的眼神等，尽可能多地向他们传达积极情绪，尽量避免在他们面前板起面孔、面无表情。

八、自我评价性情绪实验

（一）实验介绍

美国心理学家亚历山德里（Alessandri）和刘易斯（Lewis）在 1996 年做了一系列实验。研究者邀请了一些 4~5 岁的幼儿以及他们的母亲到实验室，并给幼儿设置一些难题，如搭积木、滚球等。幼儿可能会成功，也可能会失败，研究者记录下幼儿在面对成功和失败时的不同反应，以及他们母亲的反应。①

1. 实验设计

（1）实验对象

84 名 4~5 岁的幼儿和他们的母亲，每组分为 21 名男孩和 21 名女孩。

（2）实验准备

难度不等的拼图、绘画材料和块状积木。

（3）实验程序

实验设计了三个问题解决活动：拼图游戏、绘图游戏和堆块活动。母亲与孩子之间的互动被全程录像。每个活动都包含一个简单的任务和一个困难的任务，有成功和失败两种结果。因此每个活动都有四种结果：简单任务中成功、困难任务中成功、简单任务中失败、困难任务中失败。

研究者用时间来控制任务。在拼图游戏中，母亲让孩子在特定的时间完成两个简单的任务和两个困难的任务。在简单任务中，幼儿要在 2 分钟内完成 5

① Alessandri，S. M.，& Lewis，M.，"Differences in Pride and Shame in Maltreated and Nonmaltreated Preschoolers," *Child Development*，1996，67(4)，pp. 1857-1869.

片拼图，以及在 5 秒钟内完成拼图，幼儿若未完成则算失败。在困难任务中，幼儿可以在没有时间限制的情况下完成 15 片拼图，以及要在 20 秒内完成 15 片拼图，幼儿若未完成则算失败。

在绘图游戏中，母亲让孩子完成两个简单的任务和两个困难的任务，该任务改编自比里（K. E. Beery）视觉—动作整合发展测验（Development Test of Visual-Motor Integration）。在绘图活动中，设置时间间隔定时器以确定孩子的成功和失败。

在堆块活动中，母亲要求孩子完成两个简单的任务和两个困难的任务，该任务改编自桑代克、哈根和萨特勒（R. L. Thorndike，Hagen & Sattler）的斯坦福—比奈智力量表第四版，再次使用了时间间隔定时器来评价孩子的结果。因此，幼儿共有 12 个任务，所有幼儿都会有成功和失败的体验。

2. 实验结果

（1）实验结果测评标准

记录羞愧和骄傲两类情绪及行为。每个任务由两个独立的评委打分，幼儿的情绪特别是羞愧和骄傲的情绪及行为，也由两个不同的独立观察录像者打分。羞愧被定义为身体崩溃，表现为嘴角向下、咬着下嘴唇、眼睛向下或负面评价（如"我不擅长这个"）。骄傲被定义为直立的姿势（昂首挺胸），张嘴或闭嘴微笑，眼睛看着母亲或正面评价，大呼结果或鼓掌（如"啊哈！"或者"我成功了！"）。评分者一起讨论差异，最终达成评级共识。

（2）实验结果报告

与研究预期一致，幼儿在成功时表现出骄傲和在失败时表现出羞愧在很大程度上取决于母亲对他们成绩的反应。对于那些更关注消极表现，在孩子失败时给予严厉指责的母亲，其子女在失败后表现出较高水平的羞愧，却很少在成功后感到骄傲。与此相对，对于那些更倾向于在孩子成功时做出积极反应的母亲，她们的孩子在成功后感到更骄傲，而在未能实现预期目标时表现出更少的羞愧。

实验还表明，学龄前儿童的自我价值情绪还有一个特点，即旁边有没有成年人看对他们的情绪反应影响很大。如果没有母亲和研究者在场，他们失败了就失败了，会再次尝试或放弃不玩，很少表现出羞愧。6 岁以后，儿童逐渐内化了他人的社会评价标准，无论有没有他人在场，他们都会为成功感到骄傲，为失败感到内疚。

还有一些父母的影响更有趣。明显违反规则和违反道德的行为有可能让孩子感到内疚或者害羞，也可能两种情绪都有。父母对这些行为的反应则会决定孩子究竟会体验到内疚还是害羞。如果父母轻视他们，说"你又笨又讨厌，存心弄坏小朋友的玩具",他们就更多表现出害羞。如果父母让他们知道自己的不当行为是错误的,会伤害他人,同时又鼓励他们尽量去补救自己造成的伤害,说"弄坏小朋友的玩具是不对的。把你的玩具给他,别让人家不高兴",他们往往会感到内疚。有趣的是,只有在有成人在场观察他们的行为时,他们才会表现出自我评价性情绪。可见,幼儿的自我评价性情绪在很大程度上是由他们对成人评价的预期产生的。事实上,儿童要到学龄阶段才可能完全内化众多的规则和评价标准,从而能够在没有外部监督的情况下为自己的行为感到骄傲或羞愧。

(二)教育启示

1. 为婴幼儿提供更多的积极情绪体验

父母和教师要对孩子有恰当的教育期待、客观的要求和积极的评价,让他们体验到成功的快乐。父母平时在为孩子设定任务时,不要给孩子太多太难的事情。例如,让孩子自己脱袜子他会很有兴趣,但如果让他自己穿衣服就太难了,这会让他感到自己能力太差从而失去信心。即使是游戏也不要让孩子感到太难,必要的时候可以让孩子赢几次,因为多体验快乐和成功,孩子的自尊心也会得到增强。如果父母经常数落孩子甚至打骂、侮辱孩子,孩子体验不到积极的情绪,就会丧失自尊与自信,从而形成"习得性无助"。

2. 给婴幼儿真诚、正向的情绪回应

婴幼儿会通过观察的方式学习。对于婴幼儿来说,教师、父母与其他人随时都在示范,他们通过观察学习如何表达情绪,如何管理情绪,如何了解别人的情绪。例如,成人经常示范同情心、慷慨和容忍挫折,婴幼儿会更容易发展这些情绪与人格特质。同理,成人对生气的处理方式也影响着婴幼儿。因此,父母和教师需要展现真诚、适宜的情绪。真诚,是指成人用儿童化的语言,真诚地表现出自己的情绪。适宜,是指要针对不同的情形,在真诚的基础上表达恰当的情绪。这样成人才能更好地与婴幼儿建立亲密的关系,帮助他们发展情绪。

九、恒河猴依恋实验

(一)实验介绍

在哈利·哈洛(Harry F. Harlow)的实验以前,研究者普遍认为婴儿与母亲之间的亲密关系主要取决于喂养行为。当母亲满足了婴儿的生理需要时,婴儿就会将母亲与生理需要满足时的愉悦联系起来,产生依恋。然而,哈洛却不这样认为。他认为,对婴儿来说,情感上的依恋与生存需要的满足是同样重要

的。哈洛1958—1966年设计的恒河猴依恋实验对研究儿童早期依恋具有里程碑式的意义。该实验的目的在于通过观察和研究幼猴与铁丝母猴、布母猴的依恋活动，探究婴儿与母亲之间的亲密接触和依恋情绪。[1]

1. 实验设计

（1）实验对象

8只幼小的恒河猴。

（2）实验准备

铁丝母猴、布母猴、幼猴、奶瓶。

（3）实验程序

哈洛及其助手设计了两只不同的代理母猴。一只是铁丝母猴，它的身体由铁丝网编成，胸前装了一个奶瓶，能够给幼猴哺乳，它的体内还装了一个灯泡提供热量。另一只是布母猴，它的身体由木头制成，身上裹着厚厚的海绵和毛织物，体内装了一个供暖灯泡，能为幼猴提供温暖舒适的环境。它的胸前同样也装了一个奶瓶，能给幼猴哺乳。在实验中，哈洛将8只幼猴随机分成两组，一组由铁丝母猴喂养，另一组由布母猴喂养。幼猴和代理母猴处在相同的房间里。哈洛花了半个月的时间来观察和记录幼猴与两位代理母猴的相处情况。此外，哈洛还设计了三种情境测验幼猴的表现。

第一种是"惊吓"情境。哈洛在笼子里放置了一些令幼猴害怕的东西，如玩具熊等，看幼猴做何反应。

第二种是"布妈妈"剥夺情境。控制组幼猴只由铁丝母猴抚养。

第三种是幼猴"陌生情境"。哈洛将幼猴放置在陌生的小房间里，里面放了许多物品。哈洛分别安排了三种不同的情况观察幼猴的反应。一是布母猴在房间里；二是铁丝母猴在房间里；三是两者都不在。

2. 实验结果

（1）实验结果测评标准

在三种不同情境下，幼猴去拥抱谁，则表示幼猴与谁的依恋关系更强烈。

（2）实验结果报告

实验发现，不管由哪个母猴喂奶，幼猴几乎都喜欢与布母猴在一起。铁丝母猴喂养的幼猴也是如此，只有吃奶的时候才迫不得已离开布母猴，匆匆吃奶后会马上回到布母猴身边。幼猴与布母猴相处的时间远远超过了铁丝母猴。

在惊吓实验中，受到惊吓的幼猴都选择向布母猴寻求保护。两组幼猴食

---

① Harlow, H. F., "Love in Infant Monkeys," *Scientific American*, 1959, 200(6), pp. 68-74.

量一样大，体重增长的速度也基本相同。但如果只由铁丝母猴喂养，没有布母猴陪伴，幼猴会表现出消化不良，经常腹泻。这说明，缺少母亲的接触安慰使幼猴产生了心理上的紧张，从而影响了生理功能。

在陌生情境实验中，控制组中的幼猴马上冲向布母猴，紧紧抓住，并在布母猴那里摩擦身体。过了一会儿它们就以布母猴作为一个安全基地，开始摆弄房间里的玩具，然后回到布母猴身边确认依旧安全，接着又去探索新世界。当幼猴被放在同样的房间内，但是没有布母猴陪伴时，它们的表现会截然不同。它们或者带着深深的恐惧僵在那里，或者开始大哭，或者吸吮手指。有时幼猴会跑到布母猴常待的地方一边尖叫，一边寻找。

实验组中，当铁丝母猴在时，幼猴的反应和没有"妈妈"，也就是两种母猴都不在场时的情形相同。幼猴变得焦躁不安，非常害怕和恐惧，这与布母猴在场时形成了鲜明的对比。在陌生情境实验中，哈洛在控制组中制造出可能抛弃孩子、喷出强大的气流、弹出尖刺的"妈妈"，这些突如其来的变化迫使幼猴离开"妈妈"。幼猴的反应是暂时离"妈妈"一段距离，等待这样的情形结束。可怕的事情结束后，幼猴会回到"妈妈"身边，而且比之前抓得更紧了。

从以上研究结果可知，对于幼猴来说，虽然铁丝母猴与布母猴一样能提供食物，但铁丝母猴却无法提供幼猴成长所需要的安全、温暖的环境，无法给予幼猴触摸与安抚。对于幼猴来说，接触安慰才是依恋形成的主要因素。

（二）教育启示

1. 给予婴幼儿足够的安全感

哈洛的一系列关于恒河猴依恋的实验让我们对婴幼儿与母亲之间的依恋关系有了更深入甚至全新的认识。婴幼儿对母亲产生的强烈的依恋，不仅仅是因为母亲用乳汁抚育了他们，更重要的是当婴幼儿依偎在母亲温暖的怀抱里的时候，婴幼儿感受到了温暖、爱和舒适。这种接触安慰对依恋的形成起着极其重要的作用。形成安全依恋的婴幼儿遇到意外时，如果有依恋对象在旁，他会有安全感，并且在确信自己安全后愿意对事物进行探索。因此，父母对婴幼儿的养育不能仅仅停留在喂饱他们，使他们健康成长，还要为他们提供触觉、视觉、听觉等多种感觉通道的积极刺激，使他们能够感到养育者的存在，并能从他们那里得到安慰。

2. 根据婴幼儿特点进行有针对性的教育

不同气质类型的婴幼儿在与母亲的互动中有着较大的差距。根据气质和依恋的研究表明，只要父母调整其行为以适应婴幼儿的需要，任何气质特点的婴幼儿都有形成安全型依恋的可能，关键在于父母提供给婴幼儿的抚育环境是否与婴幼儿本身的气质特点一致。如果一致，就会产生积极的影响或协同效应，

第四章　婴幼儿情绪情感发展

否则便会影响婴幼儿依恋的安全性。例如，困难型的幼儿活动性较高，但父母常对这类幼儿提出过多的甚至不现实的限制性要求。孩子一有违反，父母就会因他们"故意不听话"而责备、惩罚他们，久而久之，这些困难型的幼儿会逃避或者拒绝父母及其要求。因此，父母要能够清楚地认识对孩子的特性，针对孩子的特性选择不同的教育方式，提出合理的要求。父母只有在全面考虑婴幼儿特点的基础上，采取适合的、有针对性的方式，才能与孩子建立安全型依恋。

3. 创设良好的家庭环境

家庭是婴幼儿生活的主要场所，家庭氛围将在个体成长的过程中发挥潜移默化的作用，在个体的言谈举止中留下难以磨灭的印记。显然，温暖、和睦、互助的家庭氛围有助于婴幼儿安全型依恋的形成；相反，冷漠、疏远、拒绝的家庭氛围易使婴幼儿形成不安全型依恋。为了对下一代负责，父母应尽可能地给孩子营造一个温馨、和睦的家庭氛围，让孩子在爱与关怀的环境中成长。

第五章　婴幼儿自我与社会性发展

一、延迟满足实验

（一）实验介绍

延迟满足最早是由英国人格心理学家沃尔特·米歇尔（Walter Mischel）于 1970 年提出的。他认为延迟满足是指一种甘愿为更有价值的长远结果而放弃即时满足的抉择取向，以及在等待期中展示的自我控制能力。延迟满足是儿童社会性发展的重要指标，对塑造个体的健全人格和良好的认知能力具有重要价值。米歇尔在 20 世纪 60 年代末至 70 年代初进行了一系列有关延迟满足的研究。[①]

1. 实验设计

（1）实验对象

16 名男孩和 16 名女孩，年龄在 3 岁 6 个月至 5 岁 8 个月之间（平均年龄为 4 岁 6 个月）。实验由两个男性实验者进行。实验分为四组，每组 8 名幼儿（4 名男孩和 4 名女孩）。在每种条件下，每个实验者观测 2 名男孩和 2 名女孩，以避免性别或实验者的系统偏倚效应。

（2）实验准备

带有单向玻璃的实验室，一张桌子和一把椅子，饼干盒，四个电动玩具，巧克力，饼干。

（3）实验程序

在实验开始前，两个实验者会在幼儿园和孩子们一起玩。通过几天的相处，他们愿意相信实验者，也更愿意合作。实验在一个被称作"惊喜屋"的房间内进行。房间内有单向玻璃，实验者可以通过单向玻璃观察幼儿在实验中的反应。房间里有一张桌子和一把椅子，桌子上放着一个饼干盒，在靠近椅子的地板上放着四个电动玩具。

实验者会向孩子们展示两组奖励，分别是一块巧克力和一块饼干。实验者

①　Mischel，W.，& Ebbesen，E. B.，"Attention in Delay of Gratification，"*Journal of Personality and Social Psychology*，1970，16(2)，pp. 329-337.

询问孩子们喜欢吃哪一种，所有参加实验的孩子都选择了巧克力。然后实验者以友好的方式简单地展示玩具。每次示范后，再玩会儿玩具，然后将玩具放在纸箱中，避免孩子看见。实验者告诉孩子："我要出去一会，等我回来你就可以吃巧克力了。如果等不了，可以随时摇铃叫我，得到饼干。"

为了评估对象是否理解这些问题，实验者问了三个问题："你能告诉我怎么把我叫回来吗？""如果你吃饼干会怎么样？""但是，如果你坐在椅子上等待我回来，会怎么样？"其中3名幼儿无法正确回答这些问题，因此被排除在先前的数据之外。实验者强调："无论你做什么，当我回来的时候我们要玩我的玩具。"这项指示是为了强调幼儿等待时的行为不会影响他在"惊喜屋"的后期游戏时间。

实验者把被试分为四组。第一组，两种奖励物同时呈现，把巧克力和饼干都放在幼儿面前；第二组，两种奖励物都不呈现，把巧克力和饼干都放在幼儿视线之外的地方；第三组，只呈现即时奖励物，把饼干放在儿童面前；第四组，只呈现延迟奖励物，把巧克力放在儿童面前。

2. 实验结果

（1）实验结果测评标准

在主试离开房间的一瞬间开始计时，出现以下三种情况均停止计时：①幼儿一直坐在椅子上，等到20分钟后主试回到房间获得巧克力（延迟奖励）；②幼儿中途玩电动玩具得到饼干奖励（即时奖励）；③幼儿没有等主试直接吃掉了饼干或巧克力。幼儿的延迟等待时间为起始时间和终止时间的间隔，以分钟为单位。研究者对实验结果进行了比较。

（2）实验结果报告

研究者预计随着对延迟奖励关注程度的增加，幼儿等待的时间会增加。为了确定这一预测是否正确，计算四种注意条件下幼儿等待的平均时间（以分钟为单位）。结果发现，在两种奖励物都不呈现时，幼儿等待的时间最长，平均等待时间可达到11分钟。两种奖励物均呈现时幼儿等待时间最短，平均等待时间不到1分钟。呈现延迟奖励物（巧克力）和即时奖励物（饼干）组幼儿的等待时间相近，但呈现延时奖励物的小组平均等待时间比即时奖励物小组的时间长1分钟。意外的是，当奖励完全不存在的时候，幼儿等待时间最长。也就是说，在等待期间，无论是延迟还是立即奖励都不能引起幼儿注意。这些结果与米歇尔的预测完全相反。

在实验中，这些孩子似乎通过将厌恶等待的情况转变为一个更令人愉快的非等待状态来延长等待。他们精心设计了自我分散注意力的技巧，通过这些技巧，他们在心理上除了等待以外，都在做其他事情。他们没有把注意力放在等待的物体上，而是避免看它们。有些孩子用手捂着眼睛，把头搁在胳膊上，以避免眼睛盯着奖励物。但是这些精心策划的自我干扰技巧主要发生在奖励缺失的情况下，几乎没有出现在奖励同时出现的小组。因此，在奖励出现的一组，孩子们很快就终止了延迟等待。从中我们可以看到，当孩子们看到丰富的奖励物时，等待的过程对孩子而言会更加艰难。

这些实验的最初目的是研究为什么有人可以延迟满足，而有人却只能放弃的心理过程。然而，米歇尔在偶然与同样参加上述实验的女儿谈到她们幼儿园伙伴的近况时，发现这些孩子的学习成绩与他们小时候延迟满足的能力存在某种联系。于是从 1981 年开始，米歇尔逐一联系已是高中生的 653 名参加者，给他们的父母、老师发去调查问卷，针对这些孩子的学习成绩、处理问题的能力以及与同学的关系等方面提问。米歇尔在分析问卷的结果时发现，当年马上按铃的孩子无论在家里还是在学校，都更容易出现行为上的问题，成绩也较差。他们通常难以面对压力，注意力不集中，而且很难维持与他人的友谊。而那些可以等上 15 分钟再吃巧克力的孩子在学习成绩上最高分比那些马上吃巧克力的孩子的最低分高出 210 分。

（二）教育启示

1. 依据年龄特点促进婴幼儿延迟满足能力的发展

首先，家长与教师应了解婴幼儿年龄的发展规律，掌握婴幼儿的不同需要，并给予合适的延迟方式与延迟时间。例如，对于幼儿自理能力的培养，家长可以推迟奖励幼儿的时间，鼓励幼儿自己穿衣、系扣等。其次，经典范式的实验为我们提供另一种方式，即提供给幼儿一个比当前延迟报酬更优越的报酬。因为幼儿无论是否坚持，都会得到奖励，但是有的幼儿要得到自己想要的奖励，就需要长时间的等待，陷入矛盾之中。因此，家长或教师在培养婴幼儿自控能力时，可以提前展示给婴幼儿延迟报酬，从而增加婴幼儿延迟满足的时间。

2. 运用榜样教育锻炼婴幼儿延迟满足能力

观察学习是婴幼儿学习的基本方式之一，尤其是对典型榜样的模仿能帮助婴幼儿形成自控能力。婴幼儿能通过模仿榜样，产生自我强化，进而控制自己的不良行为。家长与教师可以通过树立榜样来提高婴幼儿的自控能力，同时及时表扬和奖励自控能力强的榜样与行为，使婴幼儿通过观察学习来强化自控行为。这种榜样的形式是多样的，如成人、同伴、动画片、电视节目等。一旦孩子坚持延迟满足，成人一定要及时表扬孩子忍耐和自控的优点，以强化孩子的良好行为。

二、幼儿游戏的演进实验

（一）实验介绍

1926 年 10 月至 1927 年 6 月，米尔德丽德·帕腾（Mildred Parten）在明尼苏达儿童发展研究所进行了关于幼儿游戏的演进经典实验。[①] 其目的是对幼儿社会行为进行观察研究。

1. 实验设计

（1）实验对象

34 名 2～5 岁的幼儿。

（2）实验准备

实验是在幼儿园进行的观察研究，研究者为幼儿提供了很多玩具。

（3）实验程序

34 名幼儿自由分组，每组 2～5 人，年龄较小的一般 2 人一组，年龄较大一般 5 人一组。研究者为每组幼儿提供很多玩具。采用时间取样观察法，利用幼儿每天晨间自由游戏时间，对每个幼儿观察一分钟（旁边没有成人）。研究者通过单面玻璃对幼儿行为进行系统观察，将幼儿参与哪项活动和参与某项活动的次数等填写在预先设计好的记录表上。系统观察是指，第一分钟观察 1 号幼儿，第二分钟观察 2 号幼儿，第三分钟观察 3 号幼儿等。实验要求至少收集 60 个行为样本。

2. 实验结果

（1）实验结果测评标准

根据 6 种反映幼儿参与社会性集体活动水平的预定类型指导观察的操作定义（见表 5-1），判断每个幼儿当时所从事的活动类型并记录（见表 5-2）。[②]

（2）实验结果报告

帕腾通过分析发现，年龄不同，小组人数也不同，小组的人数随着年龄增长而增加。2/3 的 2 人小组是同性别的，表明幼儿更倾向于找与自己性别相同的玩伴。此外，最好玩伴之间的智力与年龄差异不大。不同年龄的幼儿对玩具的选择也不相同。年龄和家庭环境影响友谊。过家家是学龄前儿童参与最典型的社会性游戏。沙子、黏土、纸张、串珠、画画都是平行游戏的主要特征。年

① Parten，M. B.，"Social Participation among Pre-school Children," *The Journal of Abnormal and Social Psychology*，1932，27(3)，pp. 243-269.

② 秦金亮、王恬：《儿童发展实验指导》，282 页，北京，北京师范大学出版社，2013.

龄较小和较大的幼儿对待玩具的方式不同，玩具也会对他们产生不同的社会价值。

表5-1　6种活动类型操作定义

游戏类型	操作定义
无所事事	幼儿没有做游戏，只是随意观望能引起兴趣的情境。不观望时，便摆弄自己的身体，走来走去，跟从老师。
旁观	幼儿基本上是观看其他幼儿游戏，有时凑上去与正在做游戏的幼儿说话，提问题，出主意，但不直接参与游戏。
单独	幼儿独自游戏，专注于自己的游戏，根本不注意别人在干什么。
平行	幼儿能在同一处玩，但各自玩游戏，既不影响他人，也不受他人的影响，互不干扰。
联合	幼儿在一起玩同样的游戏或类似的游戏，相互追随，但没有组织与分工，每人做自己想做的事。
合作	幼儿为某种目的组织在一起进行游戏，有领导、有组织、有分工，每个幼儿承担一定的角色任务，并且相互帮助。

资料来源：Parten，1932。

表5-2　幼儿社会参与性活动观察记录表

幼儿代号	游戏类型				
	无所事事	旁观	单独	平行	联合
1					
2					
3					
4					
……					

资料来源：秦金亮等，2013。

帕腾选取了几个玩具进行分析，来观察不同年龄幼儿对待玩具的方式。第一，沙子。年龄较小的幼儿更多将沙子从一个容器倒向另一个。有的年龄较大的幼儿选择和年龄较小幼儿相同的方式，如通过玩沙子打发时间，或者用沙子来建构公路和建筑物。第二，房子。第一种是年龄较小的幼儿喜欢参与扮演爸爸或妈妈的角色游戏；第二种是过家家，打扮"娃娃"，哄他们睡觉，这属于2～3岁幼儿的单独游戏；第三种是3岁以下幼儿少见的复杂社会活动，如模拟在家举办一场派对等。在角色游戏中，女生一般与年龄相仿的男生进行游戏。第三，火车。年龄较小的幼儿最喜欢的是一起搭火车，但是涉及很少的社会交往，更多是自己动手。年龄较大的幼儿会采用合作的方式进行有难度的组装。第四，儿童沙坑。年龄较小的幼儿没有意识进行共同游戏，他们只是看别人怎样做，或自己做。年龄较大的幼儿会假装这是汽车或者其他东西进行合作游戏。第五，秋千。年龄较小的幼儿很少选择这个游戏，因为这需要攀爬，带有一定危险性。年龄较大的幼儿会选择互相推秋千。第六，建构材料。年龄小的幼儿会玩串珠子，每个幼儿坐在一个指定的活动区域，进行自我建构。年龄较大的幼儿在一起共同设计，建构模型。对于这些游戏的喜爱程度依次为房子、儿童沙坑、建构材料、沙子、秋千、火车。这六种游戏也代表了六种不同的游戏类型。

帕腾通过对观察资料的分析发现，不同年龄、不同性别、不同家庭背景、不同玩具等都会对幼儿游戏方式产生影响。帕腾按照社会性从低到高定义了六种类型的早期游戏，认为社会性行为发展随年龄的增长而表现出顺序性，其社会交往技能会有所提升。同伴交往的机会越来越多，即较小的幼儿表现出单独游戏多，以后逐步发展到平行游戏，最后才是集体联合游戏和合作游戏，即由无社会性游戏向社会性游戏逐渐过渡。最终，帕腾确定了根据幼儿社会性发展的游戏分类。

(二)教育启示

1. 了解婴幼儿游戏发展的阶段及其特征

游戏作为婴幼儿每天最重要的活动之一，作为婴幼儿社会性发展的一种表现，具有一定的年龄特征。随着婴幼儿年龄的增长，与同伴交往的机会增多，分享合作的意识开始出现，社会技能提高，婴幼儿自然将自己作为集体的成员，开始学习互相理解，合作互助，随之社会性程度越来越高。因此，教师在引导、支持婴幼儿游戏之前，必须先了解婴幼儿游戏发展的这一显著的阶段性特征。

2. 根据婴幼儿游戏发展水平引导婴幼儿游戏

游戏应以婴幼儿为主，因此游戏的设计应符合婴幼儿的年龄特点，同时兼顾个体差异。教师应尊重幼儿不同年龄阶段的心理发展规律，为其投放合适的玩具，设计他们感兴趣的游戏主题，为他们创设合适的游戏情境，尊重幼儿的自主权，让幼儿自己探索，逐渐形成自我认知。随着幼儿认知水平的不断提高，环境的持续刺激，幼儿自然会逐渐开始与同伴互动。不同年龄阶段的幼儿对待同一玩具的态度不同，玩法自然不同，这可能与其性格、气质类型等有关。因此，教师应仔细观察，不能妄下论断，要尊重幼儿游戏的自主权。

三、点红实验

（一）实验介绍

自我意识是人类特有的意识，是作为主体的我对自己，以及自己与周围事物的关系，尤其是人我关系的认识。自我意识主要包括自我观察、自我监督、自我体验、自我评价、自我教育、自我控制和自我调节等。自我意识是个性的一部分，是衡量个性成熟水平的标志。个体在早期是不具备自我意识的，无法区别自己与外界的事物。那么婴幼儿的自我意识是何时产生的呢？阿姆斯特丹（B. Amsterdam）在1972年进行的点红实验证明了20～24个月大的幼儿已经具有了自我意识。[①]

1. 实验设计

（1）实验对象

88名3～24个月大的婴幼儿。

（2）实验准备

一面大小适宜的镜子，一支给婴幼儿点红的笔。

（3）实验程序

借用动物学家盖勒帕在黑猩猩研究中使用的点红测验（以测定黑猩猩是否知觉"自我"这个客体），阿姆斯特丹以婴幼儿为研究对象进行点红实验。

实验开始，在婴幼儿毫无察觉的情况下，主试在其鼻子上涂一个无刺激红点，然后观察婴幼儿照镜子时的反应。

2. 实验结果

（1）实验结果测评标准

研究者假设，如果婴幼儿在镜子里能立即发现自己鼻子上的红点，并用手去摸它或试图抹掉，表明婴幼儿已能区分自己的形象和加在自己形象上的东西，这也意味着婴幼儿出现了自我意识。

（2）实验结果报告

阿姆斯特丹研究发现，婴幼儿对自我形象的认识要经历三个发展阶段。第一个是游戏伙伴阶段：6～10个月。此阶段婴幼儿对镜子中的自我映像很感兴趣，但认不出自己。第二个是退缩阶段：13～19个月。此时幼儿特别注意镜子里的映像与镜子外的东西的对应关系，对镜中映像的动作伴随自己的动作

① Amsterdam，B.，"Mirror Self-image Reactions before Age Two,"*Developmental Psychobiology*，1972，5(4)，pp. 297-305.

更是显得好奇，但似乎不愿意与镜子中的映像交往。第三个阶段是自我意识出现阶段：20～24个月。这是幼儿在有无自我意识问题上的质的飞跃阶段，这时幼儿能明确意识到自己鼻子上的红点并立刻用手去摸。

(二)教育启示

1. 重视婴幼儿自我意识的价值

自我意识是意识的核心，是个性形成的重要组成部分。婴幼儿时期是自我意识形成和发展的重要阶段。自我意识的发展能让婴幼儿正确、客观地认识自己，同时正确认识别人。积极的自我意识对婴幼儿的个性、社会交往的发展具有重要的意义。在此过程中，婴幼儿会逐渐形成独立、主动、自尊、自信等性格特征。同时尊重婴幼儿认知发展水平，使婴幼儿的这种不成熟认知逐渐显现出其长远的适应价值。

2. 耐心培养婴幼儿的自我意识

实验表明，20～24个月的幼儿已经开始具备自我意识，因此，家长应该注意这一自我意识发展关键期，并且意识到婴幼儿自我意识的构建是一个长期的、动态的过程，要家长有耐心，帮助幼儿逐步形成健康、积极的自我意识。对于婴幼儿在自我意识构建过程中的不完美、不成熟等现象，家长应持宽容的态度。

四、错误信念实验

(一)实验介绍

自1978年普雷马克(Premack)和伍德拉夫(Woodruff)在对黑猩猩的研究中首次提出心理理论(theory of mind)的概念以后，研究者对儿童心理理论进行了大量的理论探讨和实证研究，使该领域成为发展心理学中最活跃、最丰产的研究领域之一。心理理论主要是指儿童对他人的愿望(desire)、信念、动机等心理状态以及心理状态与行为之间关系的认识。儿童心理理论研究者较为一致地把达到对"错误信念"(false belief)的理解作为儿童拥有心理理论的主要标志。萨尔茨堡大学的海因茨·维默(Heinz Wimmer)和约瑟夫·佩纳(Josef Perner)通过儿童对错误信念的理解来研究儿童心理理论出现的时间。[1]

---

[1] Heinz Wimmer, Josef Perner, "Beliefs about Beliefs: Representation and Constraining Function of Wrong Beliefs in Young Children's Understanding of Deception," *Cognition*, 1983, 13(1), pp. 103-128.

1. 实验设计

（1）实验对象

36名来自奥地利萨尔茨堡几所幼儿园和夏令营的3~9岁儿童。

（2）实验准备

两个橱子，一块巧克力。

（3）实验程序

实验者向儿童讲述故事情境：一个名叫马克西（Maxi）的小男孩把巧克力放到橱子A里，然后他到外面玩去了。在马克西不在的时候，妈妈从橱子A里拿出巧克力做蛋糕，然后把剩下的巧克力放到橱子B里。马克西回来了，想吃巧克力。讲完故事后，问儿童："马克西会到哪里找巧克力呢？"

2. 实验结果

（1）实验结果测评标准

当儿童认为马克西会到橱子B里找巧克力时，说明儿童并未理解错误信念；当儿童认为马克西会到橱子A里找巧克力时，说明儿童已经理解错误信念。

（2）实验结果报告

3~4岁儿童一般认为马克西会到橱子B里找巧克力，即预测马克西会按照巧克力的真实地点去找巧克力。他们不能理解虽然自己知道巧克力在哪里，但是马克西并不知道。这说明他们还不能理解错误信念。

4岁及以上的儿童认识到，尽管马克西关于巧克力地点的信念是错误的，但他还是会按照自己的信念到橱子A里找。这表明4岁儿童达到对错误信念的理解，拥有了心理理论，能够把心理表征与客观事实区分开来，真正了解了信念是对世界的表征而不是对世界的复制。

（二）教育启示

1. 尊重儿童心理理论的发展特点

从实验中我们得出的第一条教育启示就是要尊重孩子。儿童心理理论的发展受到他们身心发展的影响，当他们还没有发展起心理理论时，我们是很难要求他们换位思考的。从实验结果来看，4岁是儿童心理理论的一个分水岭，这与我们日常生活中的观察结果类似。在上中班以前，幼儿很少会与他人合作游戏，也很少能够站在他人角度思考问题。而到了中大班，他们学着去理解他人，愿意与他人交往，其合作能力也逐步提升。所以在小班时，教师和家长应尽可能理解并尊重幼儿的想法，即使他们关于别人的信念是错误的，也不要因此苛责他们。

2. 引导幼儿学会换位思考

在讨论某一个问题时，可以引导幼儿倾听不同的声音，学会尊重他人不一样的观点，求同存异，而非一味要求别人和自己一样。教师应当给予幼儿正确的引导，教育幼儿尝试站在别人的角度思考问题。对于不同的观点，只要是有道理的就可以保留，不用完全追求正确和标准答案。此外，在解决中大班幼儿的矛盾冲突时，请他们先换位思考，考虑对方当时的处境和掌握的信息，思考对方为什么会做出这样的行为，帮助幼儿互相理解，化解矛盾。

五、性别同一性实验

(一)实验介绍

性别意识是儿童自我意识和社会性发展的一个重要方面，是儿童心理学家关注的重要议题。性别同一性是个体性别意识发展的重要组成部分，为其之后的性别意识发展和完善奠定基础。皮姆(Bem)在 1989 年通过实验对儿童性别同一性的发展状况以及性器官对幼儿辨认性别的影响进行了研究。[①]

1. 实验设计

(1)实验对象

58 名 36～65 个月大的幼儿作为被试参与了实验，其中 31 名女孩，27 名男孩。每名幼儿在幼儿园的独立房间或日托中心接受 6 名女性访谈者的单独测试。

(2)实验准备

性别恒常性测量的刺激物是 6 张裸照或半裸照。3 张拍摄了一名学步期的男孩，3 张拍摄了一名学步期的女孩。一个文件夹里存放三张照片，文件夹里面有两个口袋，里面的照片只拍摄到腰部以上的部分。每组照片的第一张都是全裸照片。第二张照片性别不一致(男孩留着长马尾，带着粉色发夹，穿着褶边粉红衬衫；女孩穿着蓝色和灰色条纹马球衬衫，拿着一个足球)。第三张照片与性别一致(男孩穿着马球衬衫，没有马尾；女孩穿着褶边粉红上衣，有一个钱包和一支口红)。性别一致和性别不一致的照片在各自文件夹的口袋里显示部分，确保生殖器不会被看见。这些照片可以从文件夹中取出来。

(3)实验程序

第一步是给幼儿看一张学步期裸体男孩和学步期裸体女孩的照片，了解幼

---

① Bem，S. L.，"Genital Knowledge and Gender Constancy in Preschool Children," *Child Development*，1989，60(3)，pp. 649-662.

儿通过性器官来判断幼儿性别的情况。第二步是给幼儿看这些学步幼儿穿着衣服的照片。有的照片里幼儿穿的衣服与他们的性别相符，有的则与性别不符。通过访谈了解幼儿对照片中幼儿的性别判断及其理由。

2. 实验结果

（1）实验结果测评标准

幼儿在实验中是否能准确判断照片中人物的性别。

（2）实验结果报告

皮姆通过实验发现，在看过前后两种照片的幼儿中，有40％能正确辨认穿上男孩裤子的女孩或穿上女孩裙子的男孩照片。在能认识性器官差异的幼儿中，有60％能正确回答问题。在无法认识性器官差异的幼儿中，有10％能正确回答。此研究表明，与性别有关的知识是性别同一性发展的基础，有助于幼儿辨认性别。

（二）教育启示

1. 正确认识婴幼儿性别同一性发展的年龄特征

实验结果启示我们，婴幼儿性别同一性发展存在年龄差异。对于2～3岁的幼儿来说，他们更多是从服饰、言语、行为等外部特征来区分性别的。他们还不了解性别的真正区别，不了解性别的恒定不变。4～5岁的幼儿对性别的认识开始丰富和深化，同时对外部事物更加敏感，对性别的差异也会产生更多的好奇。5岁以后，幼儿开始真正了解两性差异，开始对性别敏感，会不好意思并回避。教养者应掌握婴幼儿性别发展的年龄特征。

2. 采用适当的方法，给予婴幼儿合理的性别角色教育

心理学家的研究发现，儿童在发展过程中性别同一性有不同的发展特点，每个阶段接受的性教育内容不同。对于2～3岁的幼儿，教养者应从多方面帮助他们了解性别和认识自己的性别，如穿衣打扮、行为举止等。在幼儿4～5岁时，教养者应对幼儿进行性知识启蒙教育，可以利用游戏、洗澡等形式让幼儿认识自己身体各部位的名称，同时也要利用绘本等形式让幼儿有自我保护意识。在幼儿五岁以后，教养者应帮助幼儿形成最初的性别行为规范，教给幼儿关于身体接触的一般原则，提高幼儿的自我保护能力，用科学的知识解释幼儿的疑问，同时要深化幼儿对社会习俗和个人隐私的认识。

六、冲突情境下的信念修正实验

（一）实验介绍

信念修正是指当幼儿学习的新知识与已有知识相冲突时，幼儿对自己已有知识和信念的修正和更新。在这个过程中，幼儿主动地重组和改变已有知识的内容和结构。那么什么因素会影响幼儿信念修正呢？研究者认为证言会影响幼儿信念修正。证言即成人给予幼儿的语言信息和信号，具体来说是指成人向幼儿做出的一种断言陈述和判断。当成人向幼儿提出某种证言时，幼儿是否会相信这一证言。李婷玉等人设计了相关实验，重点讨论成人的证言在幼儿信念修正时发挥的作用。[①]

1. 实验设计

（1）实验对象

两座城市幼儿园三个年龄组的幼儿共 74 名，男孩 39 人，女孩 35 人。其中，4 岁组 25 人（女孩 12 人，平均月龄为 54.9 个月）；5 岁组 26 人（女孩 13 人，平均月龄为 66.48 个月）；6 岁组 23 人（女孩 10 人，平均月龄为 78.02 个月）。

（2）实验准备

将两种动物的感知觉特征以不同比例进行合成，包含两类共 4 种动物：第一类为 50% 与 50% 比例的合成动物，该动物有 50% 的特征像某种动物，另外 50% 的特征像另一种动物。如图 5-1 所示，某动物 50% 像猪，50% 像熊。第二类为 75% 与 25% 比例的合成动物，即该动物有 75% 的特征像某种动物，另外 25% 的特征像另一种动物。如图 5-2 所示，某动物 75% 像松鼠，25% 像兔子。

图 5-1　50%—50%合成动物（左为牛—马，右为熊—猪）
资料来源：李婷玉等，2018。

图 5-2　25%—75%合成动物（左为鱼—鸟，右为松鼠—兔子）
资料来源：李婷玉等，2018。

---

① 李婷玉、刘黎、李宜霖等：《冲突情境下幼儿的选择性信任和信念修正》，载《心理学报》，2018，50(12)。

（3）实验程序

实验在幼儿园安静的房间中进行，主试与幼儿一对一进行实验，时长8～10分钟。先进行热身，即展示两张卡通女性图片，要求幼儿将图片中的两个女性分别想象成母亲和陌生人。在确定幼儿可以理解身份并可以对应身份后，测试阶段开始。

主试给幼儿呈现4个合成动物图片，并在每个图片呈现后要求幼儿回答4个问题：初始判断问题、询问意愿问题、外显判断问题（选择信任信息提供者）、采信问题（最终判断）。

初始判断问题。主试询问幼儿合成动物是什么，如果幼儿不反应或表示不知道，主试要求幼儿在两种动物中做选择（你觉得它是马还是牛呢）。幼儿的判断与研究者给母亲预设的证言一致计为"1"，与研究者给母亲预设的证言不一致计为"0"。

询问意愿问题。主试告诉幼儿："我不知道你说的对不对，妈妈和这个你不认识的阿姨知道这是什么，你愿意向谁询问这些动物的名称？"幼儿选择母亲计为"1"，选择陌生人计为"0"。

提供证言。主试提供母亲和陌生人的证言，在50%—50%和75%—25%合成动物任务中，母亲总是回答更不相似的动物名称（如松鼠），陌生人则总是回答更为相似的动物名称（如兔子）。这样，母亲的证言总是与幼儿根据感知觉线索进行的判断更不一致，陌生人的证言则总是与幼儿的判断更为一致。在50%—50%合成动物任务中，母亲提供的证言在特征上与合成动物具有50%的一致性，因而其证言仍具有一定程度的合理性。因此，母亲证言与幼儿判断之间的冲突较低。而在75%—25%合成动物任务中，母亲的证言合理性极低，因而与幼儿判断之间的冲突较高。

外显判断问题。主试询问幼儿："你相信谁说的话？"如果幼儿不回答，主试再次重复证言，并再次询问幼儿，要求幼儿判断信任母亲还是陌生人的证言。选择母亲计为"1"，选择陌生人计为"0"。

采信问题。主试再次让幼儿判断合成动物："现在，请你告诉我这个动物是什么？"记录幼儿的回答。幼儿的判断与母亲一致计为"1"，与陌生人一致计为"0"，如表5-3所示。

表5-3　不同合成动物任务中的实验材料与不同信息提供者的证言

任务	实验材料	母亲	陌生人
50%—50%合成动物	牛—马	牛	马
	熊—猪	熊	猪

任务	实验材料	母亲	陌生人
25%—75%合成动物	鱼—鸟	鱼	鸟
	松鼠—兔子	松鼠	兔子

资料来源：李婷玉等，2018。

2. 实验结果

（1）实验结果测评标准

幼儿的判断与母亲一致计为"1"，与母亲不一致计为"0"。

（2）实验结果报告

幼儿对信息提供者证言的询问意愿：将幼儿对信息提供者的询问意愿作为因变量。实验结果发现，在两种冲突条件下，与陌生人相比，幼儿均存在询问母亲证言的偏好。在低冲突情境下，幼儿对母亲的询问意愿高于高冲突情境。幼儿在获取信息的过程中更愿意询问熟悉的信息提供者。

幼儿对信息提供者证言的信任：各年龄组幼儿选择信任母亲证言的情况和幼儿选择信任母亲证言的比率与随机概率的差异显著。在高冲突情境下，4岁组、5岁组和6岁组幼儿更倾向于认为陌生人的证言正确并选择拒绝母亲的证言。将幼儿对信息提供者证言的外显判断作为因变量，结果发现年龄的主效应不显著，冲突程度主效应显著。在低冲突情境下，幼儿对母亲证言的信任高于高冲突情境。结果说明，在幼儿的初始判断与母亲证言冲突低的情况下，幼儿在外显信任判断中更可能选择信任母亲的证言。反之，幼儿不信任母亲的证言。在对证言进行信任决策的过程中，幼儿不仅考虑了信息提供者的熟悉性，同时考虑了证言与已有信念的冲突性。特别是在高冲突情境下，幼儿可能更看重证言与已有信念的一致性，而非与信息提供者的熟悉程度。

幼儿的信念修正：在本研究中，母亲提供的证言与幼儿的初始判断冲突均较高，在50%—50%合成动物条件下，幼儿的初始判断与母亲一致的概率不高于25%。而在25%—75%合成动物条件下，幼儿的初始判断与母亲一致的概率不高于2.5%，几乎全部与陌生人的证言一致。在低冲突情境下，各年龄组幼儿的最终判断与母亲一致的概率均与随机水平差异不显著。在高冲突情境下，4岁组幼儿的最终判断与母亲一致的概率均与随机水平差异不显著，5岁组和6岁组幼儿的最终判断与母亲一致的概率仍显著低于随机概率。结果说明，幼儿的初始判断与母亲的证言冲突低时(低冲突情境)，幼儿会采信母亲的证言，并据此改变自己的初始判断。反之，幼儿的初始判断与母亲的证言冲突高时(高冲突情境)，幼儿则倾向于拒绝母亲的证言，并坚持自己的初始判断。年长(5、6岁)幼儿能够分辨不同冲突情境，并据此选择信任母亲并改变初始判断。具体来说，在低冲突情境下，年长幼儿比年幼幼儿更倾向于相信母亲，并修正信念。在高冲突情境下，年幼幼儿比年长幼儿更倾向于相信母亲，并改变自己的初始判断。

（二）教育启示

1. 充分发挥母亲在幼儿学习过程中的作用

充分了解幼儿的学习情境、学习过程以及信息提供者对其影响，有助于帮助我们理解幼儿在已有信念与他人证言出现冲突时的判断。在实验中幼儿倾向于选择母亲的证言，体现出幼儿在产生信息矛盾和冲突时也更倾向于寻求熟悉人的帮助，而在形成最终判断时却依旧坚持自己的判断。母亲在幼儿生活学习的过程中会提供大量的信息和新知，应注意尽可能为幼儿提供准确的信息，帮助幼儿学习与成长。

2. 给予幼儿更多的自主学习空间

幼儿是主动的学习者，在整合自身已有信息和他人证言的过程中，4～6岁幼儿的选择性信任和信念修正受到线索冲突程度的影响。在低冲突情境下，幼儿更倾向于询问和信任母亲的证言。在低冲突情境下，年龄较大的幼儿比年龄较小的幼儿更倾向于改变已有信念；在高冲突情境下，年龄较大的幼儿比年龄较小的幼儿更不愿意改变已有信念。随年龄增长，幼儿可以根据任务要求转换不同的策略，在熟悉的信息提供者（母亲）的证言与感知觉线索冲突程度低的情况下信任母亲的证言并改变初始判断，反之则拒绝母亲的证言坚持自己的判断。[①] 因此，教养者应尽可能多地给予幼儿自主判断信息的机会，减少灌输性的教养方式。幼儿主动思考的过程会给幼儿认知建构带来更稳定的信息，幼儿在这个过程中也会培养自主思考、自主解决问题的能力。

七、二级观点采择实验

（一）实验介绍

幼儿在认知加工时会受到互动过程的帮助，互动对象将信息和技巧以"脚手架"的方式传递给幼儿，帮助幼儿提高认知能力。合作互动会对幼儿的二级观点采择能力的发展产生积极影响。参与合作性游戏或教学活动会提高幼儿对他人与自身的认知，并逐渐去自我中心化。金心怡等人在2019年基于前人的研究，旨在通过实验来探索3岁幼儿二级观点采择的发展及合作互动

---

① 李婷玉、刘黎、李宜霖等：《冲突情境下幼儿的选择性信任和信念修正》，载《心理学报》，2018，50(12)。

的影响。①

1. 实验设计

(1)实验对象

本研究开展了3个实验。

实验1：随机选取来自浙江省金华市某幼儿园托班的48名幼儿参与本研究。被试随机分为合作组（男13人，女11人，平均月龄为35.86月，区间为30.00～40.33月）与竞争组（男11人，女13人，平均月龄为35.96月，区间为30.00～39.60月），每组24人。另有1名幼儿参与了本研究，但因游戏后报告消极情绪而被剔除。

实验2a：本实验共48名有效被试，随机选自浙江省金华市某幼儿园托班。被试随机分为合作组（男10人，女14人，平均月龄为35.61月，区间为30.97～38.73月）与竞争组（男11人，女13人，平均月龄为35.21月，区间为29.93～39.23月），每组24人。另有4名幼儿参与了本研究，但因如下原因被剔除：3人因不配合或分心未完成测试，1人互动后报告消极情绪。

实验2b：本实验共24名有效被试（男13人，女11人，平均月龄为36.63月，区间为31.23～40.70月），随机选自浙江省金华市某幼儿园托班。所有被试均未参与实验2a或设置类似任务的实验。

(2)实验准备

"乌龟任务"材料，钓鱼游戏材料，滤镜任务材料。

(3)实验程序

第一，实验1。

本实验采用2（互动类型：合作、竞争）×2（观点采择测量：前测、后测）的混合设计。其中，互动类型为被试间变量，观点采择测量为被试内变量。每名被试首先接受一项二级观点采择任务"乌龟任务"前测，随即与一名成人主试共同完成一组为时3分钟的合作或竞争性质的社会互动游戏，互动游戏后再次接受"乌龟任务"作为后测。

二级观点采择任务（乌龟任务）："乌龟任务"，前后测流程相同，仅所使用的材料图案不同。主试2与被试对面而坐（如图5-3），主试1取出一幅A4纸大小、画有一只俯视视角的乌龟的图画。主试1首先将图画竖立在被试面前，使乌龟分别处于正立或倒立状态。然后对每种状态下乌龟的朝向进行命名：

---

① 金心怡、周冰欣、孟斐：《3岁幼儿的二级观点采择及合作互动的影响》，载《心理学报》，2019，51(9)。

"看！现在这只小乌龟是脚站在地上/头顶在地上的。"确认被试接受两种朝向的命名后，主试1将图画平放在桌面上，图案的头尾分别朝向被试和主试2（朝向在被试间平衡），然后询问被试对主试2视角的认识："现在从这位老师这边看，这只乌龟是脚站在地上的，还是头顶在地上的？"被试给出含有明确朝向信息的口头报告，或在主试说出对应指导语后立刻明确表示认同，被视为有效反应。主试2对被试的反应进行记录，并根据是否符合主试2视角内容予以计分，符合主试2视角的有效反应计1分，不符合的有效反应或无效反应计0分。

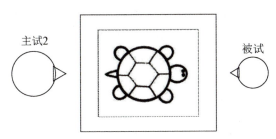

图 5-3　实验1"乌龟任务"场景示意图

资料来源：金心怡等，2019。

社会互动任务（钓鱼游戏）：实验准备包括20枚塑料"小鱼"，两个塑料鱼篓，以及两组鱼竿。如图5-4所示，合作游戏中的鱼竿为两支顶端相连的鱼竿，中间悬挂一枚鱼钩；竞争游戏中的鱼竿为两支独立的鱼竿，每支鱼竿顶端连接一枚鱼钩。游戏持续3分钟。

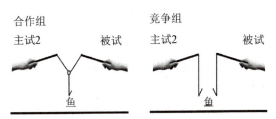

图 5-4　社会互动游戏"钓鱼游戏"

资料来源：金心怡等，2019。

第二，实验2a。

本实验设计同实验1。社会互动游戏的设置同实验1。二级观点采择任务使用"滤镜任务"。观点采择前测开始前，被试首先与主试1进行一组颜色辨认测试，以确保被试能够识别实验所涉及的各种颜色，以及一组熟悉试次，使被试熟悉物品颜色与滤色片之间的关系。

滤镜任务：主试1向被试呈现4张不同颜色的比色卡，随后进行4次提问，每次提问时主试1报出颜色名，并要求被试选择对应的比色卡。若被试选择错误，则主试重复颜色名，要求被试再次进行选择。通过颜色辨认的被试随即接受熟悉试次。如图5-5所示，主试1在被试面前相邻呈现两块滤色片（位置在被试内两次任务之间平衡），随即取出一个蓝色玩具（海狮或小球，在被试间平衡）并介绍"这是一只小海狮/小球"。确认被试熟悉玩具名称后，主试1将其放在无色滤色片前，并邀请被试坐到对面的座位（主试侧）上。此时被试从主试侧看到玩具处于无色滤色片后方，随即主试将其慢慢移动到黄色滤色片后，提醒被试"看，它现在像这个颜色"，同时指向绿色比色卡。然后以相同速度慢慢移动回到无色滤色片后，并再次提醒被试"看，它现在像这个颜色"，同时指示蓝色比色卡。重复上述移动和提醒步骤各两次。最后，将玩具由无色侧缓慢移动到黄色侧再返回，并提醒被试"看"。熟悉试次结束后，被试返回原先的座位（被试侧）开始观点采择前测。

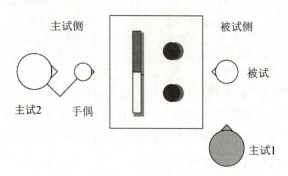

图 5-5　实验 2a 与 2b"滤镜任务"场景示意图
资料来源：金心怡等，2019。

前测中，主试2使用手偶来向幼儿索取某种颜色的玩具，主试1观察幼儿的反应并记录。有效反应包括拿起一个玩具并递给手偶，或以口头、肢体动作等方式明确表示选择某一玩具给手偶。被试所选择的玩具符合他人观点计1分，否则计0分。完成第一次索取后，主试2蒙住手偶的眼睛，并带着手偶转过身去。主试1确保被试注意到主试2与手偶的姿态变化后，将玩具替换为另外一对，放置完成后主试2重新操作手偶从主试侧观察场景，并以和上述相同的方式索取另一种颜色的玩具。被试的计分、有效反应和剔除标准同上。在该次测试中，被试的总得分为主试索取蓝、绿色物品的两试次的得分情况之和，最高2分，最低0分。

后测任务设置与前测基本一致，为避免幼儿受到手偶在前测中玩具选择的影响，前后测所使用的手偶角色不同（小猴、小兔，顺序在被试间平衡）。此外前后测中颜色索取顺序在被试内平衡。

第三，实验2b。

本实验采用"颜色混合"任务。任务设置与实验2滤镜任务前测基本一致，幼儿相继接受颜色辨认测试、熟悉试次和两个试次的正式测试。正式测试中不再使用手偶，而由主试2担任观点主体的角色，指导语中主试1对该角色的称呼统一调整为"老师"，主试2以自身口吻进行索取。正式试次开始时，主试2由实验场景之外自主试侧进入，完成第一次索取后，主试2假装寻物转身离开实验场景，待完成替换后主试2再次自主试侧进入场景。其余设置与实验2a一致。两试次中主试2索取的玩具颜色不同，顺序在被试间平衡。

2. 实验结果

（1）实验结果测评标准

根据幼儿的回答予以计分。

（2）实验结果报告

第一，实验1。

在前测任务上，合作组与竞争组均显著倾向于做出错误或无效的反应。3岁幼儿在"乌龟任务"中采择他人二级观点时存在明显困难。后测中，两组被试在该任务上仍表现出明显困难。对这一结果最直观的认识是，3岁幼儿在进行"乌龟任务"时存在明显的困难。对于合作互动的影响，在当前数据中未发现任何效应达到显著水平。

第二，实验2a。

短时的合作互动后，幼儿根据他人观点进行选择的表现相比互动之前有明显的提升；而相对应的是，同样时长的竞争互动对幼儿在这一任务上的表现无明显影响。被试经历互动，其表现仍然处于随机水平。

第三，实验2b。

通过将3岁中国幼儿在二级观点采择中的任务表现与莫尔（Moll）等人的研究数据进行对比[1]，分析实验2b所得结果。研究者认为本实验中3岁中国幼儿在整体水平上确实尚未充分表现出如西方幼儿一样的二级观点采择能力。

① Moll, H., & Meltzoff, A. N., "How Does It Look? Level 2 Perspective-Taking at 36 Months of Age," *Child Development*, 2011, 82(2), pp. 661-673.

（二）教育启示

1. 重视婴幼儿观点采择能力的发展

上述实验在考查观点采择的过程中得出了3岁中国幼儿虽然尚无法稳定地采择他人的二级观点，但已具备对应的潜质的结论。因此，在早期教养中，教养者应更加重视幼儿早期阶段观点采择能力的发展，将早期观点采择能力作为一项重要的社会认知能力进行培养。

2. 合作是提高婴幼儿观点采择水平的重要途径

在任务难度适中的情况下，合作互动可有效提高其二级观点采择的水平，而竞争互动则无明显的影响。合作互动对幼儿的成长和发展至关重要，教养者应尽可能增加幼儿合作互动的机会。在机构中，教师可通过投放相应的游戏材料，鼓励幼儿的游戏合作行为，教给他们适宜的合作策略。在家庭中，家长可通过亲子阅读、同胞互动等方式引导幼儿合作。

八、儿童说谎实验

（一）实验介绍

"说谎"是指有意地对事实真相隐瞒或歪曲的行为。在传统的社会文化价值观下，儿童说谎是品行不端正的表现。但对年幼的儿童来说，说谎真的是他们的问题行为吗？如何正确看待儿童说谎？哪个年龄段的儿童容易说谎？1989年，米歇尔·刘易斯（Michael Lewis）通过实验来测量3岁幼儿的说谎行为，研究3岁幼儿说谎能力的发展。[1]

1. 研究设计

（1）实验对象

33名33～37个月大的幼儿，其中男孩15名和女孩18名。他们在5个月、13个月和22个月大的时候就已经在同一个实验室里见过了。

（2）实验准备

带有单向镜的实验室，桌子，椅子，摄像机，惊喜玩具。

（3）实验程序

实验者坐在椅子上，背对着一张小桌子，告诉幼儿自己要拿出一个惊喜玩

① Lewis，M.，Stanger，C，& Sullivan，M. W.，"Deception in 3-year-old，"*Developmental Psychology*，1989，25(3)，pp. 439-443.

具。幼儿被告知不要偷看，等实验者回来时，他们可以玩这个玩具。然后实验者离开了房间。实验者通过单向玻璃录像并观察幼儿。当幼儿偷看玩具或 5 分钟之后，实验者回到房间。实验者站在幼儿的右前方，用一种中立的表情盯着幼儿 5 秒，然后问幼儿："你偷看了吗?"如果幼儿没有答复，则再次询问他。稍后，实验者邀请幼儿玩玩具，并向他保证偷看也没有关系。

2. 实验结果

(1)实验结果测评标准

通过询问幼儿"你偷看了吗"来看幼儿的语言和非语言反应，并进行编码。回答分为三类：①说"是"或点头表示"是"；②说"不"或摇头表示"不"；③不做口头或非口头回答。

(2)实验结果报告

被试被问道，当实验者离开房间时，他们是否看了玩具。33 名受试者中有 4 名幼儿没有看，这表明这个年龄段的大多数幼儿如果没有他人在场的话会违反规则($p < 0.001$)。在 29 名违反规则的受试者中，11 名幼儿说"是"，承认自己偷看了；11 名幼儿说"不"，撒谎称没有偷看；7 名幼儿没有给出口头答复。因此，只有 11 名 3 岁幼儿愿意承认他们偷看的行为。

(二)教育启示

1. 理性看待幼儿的说谎行为

多项实验表明，幼儿说谎是普遍现象。因此，当幼儿说谎时，教养者要理性看待，切勿小题大做。教养者应该主动了解幼儿说谎的动机是什么，实事求是地处理，不随便用成人的道德标准去衡量幼儿，否则不仅会损害幼儿的自尊心，还会影响其人格发展。此外，如果教养者对幼儿过分严格地管教，那么幼儿对教养者会有较多的恐惧感，常常会为了逃避责骂而说谎。当发现幼儿不诚实时，要给予幼儿充分的尊重，尤其不要在客人、幼儿的同伴面前严厉批评幼儿。

2. 合理纠正幼儿的说谎行为

当幼儿出现说谎行为后，教养者肩负着教育的责任和义务，在教育时要做到通情达理、细心疏导，不要一味地嘲笑、奚落。教养者要用宽容的心态帮助幼儿辨别真理和谬误，从说谎的后果来为幼儿解释道德准则，从而使幼儿明白受批评、惩罚是因为说谎本身是错误的。在教育的同时，教养者要注意教育的适宜程度，不要因一件事而全面否定幼儿。

九、观察学习实验

(一)实验介绍

波比娃娃实验是由班杜拉（Albert Bandura）与其助手于 1961 年和 1963 年在斯坦福大学进行的一组实验的总称，主要研究儿童观察成人对波比娃娃实施攻击行为之后的表现。[①] 实验中存在许多变量。最著名的实验是测量儿童看到成人打完波比娃娃后受到奖励、惩罚或是无奖惩之后的表现。这项实验演示了班杜拉的社会学习理论。社会学习理论认为人们通过观察、模仿、榜样进行学习。这说明人们不仅会因为受到奖励或惩罚的强化而学习（行为主义），也可以通过观察他人受到奖励或惩罚进行学习（观察学习理论）。这些实验之所以重要，是因为它们引发了人们更深入研究观察学习的影响和实际意义。

1. 实验设计

（1）实验对象

72 名来自斯坦福大学附属幼儿园的幼儿，其中男孩和女孩各 36 名。他们的年龄在 3～6 岁，平均年龄为 4 岁零 4 个月。

（2）实验准备

攻击性玩具：波比娃娃、一个木槌、两支掷镖枪和一个上面有人脸的绳球。非攻击性玩具：一套茶具、各种蜡笔和纸、一个球、两个娃娃、一辆小汽车和一辆小卡车，以及若干塑料动物。

如图 5-6 所示，波比娃娃是一个充气玩具，约 1.5 米高，通常是由柔软耐用的塑料制成的。波比娃娃底部承重，如果被击中，它会跌倒然后立即恢复到站立的姿势。

图 5-6 波比娃娃
资料来源：秦金亮等，2013。

---

① 秦金亮、王恬：《儿童发展实验指导》，250～254 页，北京，北京师范大学出版社，2013。

（3）实验程序

24 名幼儿被安排在控制组，他们将不接触任何榜样。其余的 48 名幼儿先被分成两组：一组接触攻击性榜样，另一组接受非攻击性榜样。本实验有三个变量，即被试的性别、攻击性与非攻击性榜样和榜样的性别，每个自变量有两个水平，这样最终得到 8 个实验组和一个控制组，每个实验组 6 名被试。一名实验者和一名教师对这些幼儿的身体攻击、语言攻击和对物体的攻击行为进行评定。这些评定结果使实验者可以依据平均攻击水平对各组被试进行匹配。每个幼儿将单独待在事先安排的场景中，不会被其他同伴打扰。

每个幼儿分别接触不同的实验程序。实验者先把一名幼儿带入一间活动室。在路上，实验者假装意外遇到成人榜样，并邀请他过来"参加一个游戏"。幼儿坐在房间的一角，面前的桌子上有很多有趣的东西，有土豆印章和一些贴纸。这些贴纸颜色非常鲜艳，还印有动物和花卉，幼儿可以把它们贴在一块贴板上。

成人榜样被带到房间另一角落的一张桌子前，桌子上有一套拼图玩具、一根木槌和一个约 1.5 米高的充气波比娃娃。实验者解释说这些玩具是给成人榜样玩的，然后便离开房间。

第一步是让幼儿看到成人的攻击行为。无论在攻击情境还是在非攻击情境中，榜样一开始都先装作玩拼图玩具。1 分钟后，攻击性榜样开始用暴力击打波比娃娃。对于在攻击条件下的所有被试，榜样攻击行为的顺序是完全一致的：榜样把波比娃娃放在地上，然后坐在它身上，并且反复击打它的鼻子。随后榜样把波比娃娃竖起来，捡起木槌击打它的头部，然后猛地把它抛向空中，并在房间里踢来踢去。这一攻击行为按以上顺序重复 3 次，中间伴有攻击性语言，如"打它的鼻子""打倒它""把它扔起来""踢它"，还有两句没有攻击性的话："它还没受够""它真是个顽强的家伙"。这样的情况持续将近 10 分钟，然后实验者回到房间，向榜样告别后，把幼儿带到另一间活动室。相反，在无攻击行为的情境中，榜样只是认真地玩 10 分钟拼图玩具，完全不理波比娃娃，随即将幼儿带出房间。班杜拉和他的同事努力确保除要研究的因素——攻击性榜样对非攻击性榜样以及榜样性别——以外的所有实验因素对每一名被试都是一样的。

第二步是对幼儿愤怒或者挫折感的激发。在 10 分钟的游戏后，在各种情境中的所有被试都被带到另一个房间，那里有非常吸引人的玩具，如火车模型、喷气式飞机，以及包括多套衣服和玩具车在内的一套娃娃等。研究者相信，为了测试被试的攻击性反应，使幼儿变得愤怒或有挫折感会令这些行为更可能发生。为了实现这一目的，他们先让被试玩这些有吸引力的玩具，不久以后告诉他这些玩具是为其他儿童准备的，并告诉他，他可以到另一个房间去玩别的玩具。

第三步是检测幼儿对攻击行为的模仿。在最后的实验房间内，有各种攻击性和非攻击性的玩具。攻击性玩具包括波比娃娃、一个木槌、两支掷镖枪和一个上面有人脸的绳球。非攻击性玩具包括一套茶具、各种蜡笔和纸、一个球、两个娃娃、一辆小汽车和一辆小卡车，以及若干塑料动物。允许每个被试在这个房间里玩 20 分钟，在这期间，评定者在单向玻璃后依据多项指标对每个被试行为的攻击性进行评定。

2. 实验结果

(1)实验结果测评标准

实验总共评定了被试行为中的八种不同反应。为清楚起见，在此我们只概述四种最鲜明的反应。第一，研究者记录所有对榜样的攻击行为的模仿，包括坐在波比娃娃身上，击打它的鼻子，用木槌击打它，用脚踢它，把它抛向空中。第二，评定被试对攻击性语言的模仿，记录他重复"打它""打倒它"等的次数。第三，记录被试用木槌进行的其他攻击行为(也就是用木槌击打娃娃以外的其他东西)。第四，用列表的方式列出成人榜样未做出而被试自发做出的身体或语言的攻击行为。

(2)实验结果报告

班杜拉发现如果被试看到榜样的攻击行为，他们也就倾向于模仿这种行为，无论榜样是否在场。实验组的攻击行为明显多于控制组与非攻击榜样组。男性被试每人平均有 38.2 次模仿了榜样的身体攻击行为，女性被试平均有 12.7 次模仿了榜样的身体攻击行为。此外，男性被试平均 17 次、女性被试平均 15.7 次模仿了榜样的言语攻击行为。这些特定的身体和言语攻击行为，在无攻击行为榜样组和控制组几乎没有发现。详见表 5-4。

表 5-4　儿童在不同处理条件下攻击反应的平均数

被试		榜样类型				控制组
攻击类型	性别	男性		女性		
		攻击性	非攻击性	攻击性	非攻击性	
模仿身体攻击	男孩	25.8	1.5	12.4	0.2	1.2
	女孩	7.2	0.0	55	2.5	2.0
模仿语言攻击	男孩	12.7	0.0	43	1.1	1.7
	女孩	2.0	0.0	13.7	0.3	0.7

被试		榜样类型				
攻击类型	性别	男性		女性		控制组
		攻击性	非攻击性	攻击性	非攻击性	
用木槌攻击	男孩	28.8	6.7	15.5	18.7	13.5
	女孩	18.7	0.5	17.2	0.5	13.1
自发攻击行为	男孩	36.7	22.3	16.2	26.1	24.6
	女孩	8.4	1.4	21.3	7.2	6.1

资料来源：Bandura，A，Ross，D．，& Ross，S．A．，1961。

　　性别差异的结果更加有力地证实了班杜拉的预测，即男孩受有攻击性行为的男性榜样的影响明显超过同样条件下的女性榜样。这表明儿童更容易受同性别榜样的影响。观察男性榜样的攻击行为后，男孩平均每人表现出 104 次攻击行为，而观察女性榜样后，平均只有 48.4 次攻击行为。另外，女孩的行为虽然不太一致，但观察女性榜样的攻击行为后，平均出现 57.7 次攻击行为，而观察男性榜样后，只有 36.3 次表现出这种行为。研究者指出，在同性别模仿下，女孩更多地模仿语言攻击，男孩更多地模仿身体攻击。几乎在所有条件下，男孩比女孩都更明显地表现出身体攻击的倾向，尤其是在给被试呈现男性榜样时，差异更明显。

（二）教育启示

1. 丰富供婴幼儿观察学习的榜样

　　首先是父母的榜样作用。父母是对婴幼儿影响最直接、最深刻的人，是婴幼儿模仿最早、最多的形象。父母在婴幼儿的成长过程中起着重要的榜样作用。父母的一言一行、一举一动，都对婴幼儿有着潜移默化的影响。因此，父母应该创设良好的家庭环境，为婴幼儿营造一个充满爱的家庭气氛，积极发挥榜样作用，从而促进婴幼儿健康成长。其次是教师与同伴的榜样作用。教师作为幼儿观察学习的首要对象，应时时刻刻注意以身作则，为幼儿树立正确的榜样。此外，教师还应引导班级幼儿互相学习，选择在生活、学习中表现良好的同伴作为榜样，促使幼儿养成良好的生活、学习习惯。

2. 合理运用奖惩强化措施

　　婴幼儿观察学习的榜样有时是我们无法控制的，如社会上的陌生人、社区伙伴等。如果幼儿从他们身上学习到某些不良习惯，教师和父母应及时发现，并采用惩罚负强化手段帮助幼儿改正不良行为。相反，如果他们模仿符合社会规范的正确行为，应采用奖励的正强化手段，增强幼儿对这一问题的理解。但是无论哪种方法，我们都应注意以下几点。首先，应以引导幼儿主动培养模仿观察能力为首要办法，奖惩措施次之。不要让幼儿只有在奖惩的被动激励下才能完成任务，而是让幼儿在无强化的措施下也能积极参与到活动中。其次，以奖励为主，惩罚为辅。惩罚手段使用不当，往往容易让幼儿在心理上产生挫折感。最后，强化更注重精神的奖励。强化不等同于体罚或训斥，而是对幼儿进行深入的教育。因此，父母和教师应懂得以十分浅显的道理告诉幼儿错误的理由。这样不仅可以增强或制止幼儿的模仿行为，而且能使他们逐步懂得不能这么做或应该这么做的道理。

3. 净化社会媒体的不良信息

社会的开放性、复杂性对幼儿成长产生着越来越大的影响。例如，广播、电视、网络、报纸、书刊等大众传播媒介充斥着我们的日常生活，其中既有有利于幼儿学习的信息，也有一些不良事例。父母和教师需要为幼儿提供良好的榜样案例，充分利用大众传播媒介中的积极形象、事例来教育幼儿，使之对幼儿的观察学习产生更加积极正面的影响。

十、亲社会电视节目对儿童行为影响实验

（一）实验介绍

班杜拉观察学习理论的提出和娱乐媒体的快速发展，引起了心理学家研究电视对儿童行为影响的兴趣。已有研究主要关注的是娱乐媒体对儿童发展的不良影响，特别是电视电影中的攻击性行为对儿童的影响。1975 年斯普拉夫金（Sprafkin）通过实验讨论了定期播出娱乐节目对促进儿童亲社会行为的可能性。[1]

1. 实验设计

（1）实验对象

30 名一年级的儿童，其中包含 15 名男孩和 15 名女孩。

（2）实验准备

准备三种水平的电视节目，分别是亲社会的《灵犬莱西》、中性的《灵犬莱西》和《布雷迪家庭》。亲社会的《灵犬莱西》情节涉及莱西藏起小狗，当小狗滑入矿道出不来时，莱西找其主人帮忙，冒着生命危险救出小狗的助人行为。中

---

① Sprafkin, J. N., Liebert, R. M., & Poulos, R. W., "Effects of a Prosocial Televised Example on Children's Helping," *Journal of Experimental Child Psychology*, 1975, 20(1), pp. 119-126.

性的《灵犬莱西》情节是杰夫试图逃离小提琴课，并不涉及人类帮助小狗的情节，但是对动物也做了正面刻画。《布雷迪家庭》不具有攻击性，没有出现动物，没有出现人或犬类英勇行为的暗示。

（3）实验程序

实验采用 3×2 因素设计。两个因素分别是电视节目和被试的性别。主试陪同儿童进入观看电视的房间，观看半小时电视之后，带儿童进入隔壁房间。第二个房间内的主试对实验处理并不知情，只负责测量因变量。主试邀请儿童玩游戏，通过游戏积分换取奖品。在玩游戏的过程中，主试请求儿童帮助困境中的小狗。儿童必须在为满足自己利益而继续玩游戏和帮助小狗之间做出选择。

2. 实验结果

（1）实验结果测评标准

儿童是否做出帮助困境中的小狗的行为。

（2）实验结果报告

研究结果显示，观看了亲社会《灵犬莱西》的儿童比看中性的《灵犬莱西》或《布雷迪家庭》的儿童表现出了更明显的助人行为，而后两个组中的儿童的助人行为无显著差异。这一结果说明，亲社会性电视节目在儿童助人行为中确实起到了示范和促进作用，增进了儿童助人的意愿。其中儿童的性别主效应不明显。

（二）教育启示

1. 正确看待电子产品对儿童亲社会行为的影响

随着社会和科技的进步，不管是在农村还是在城市，电子产品已经进入孩子们的生活。电视、电脑、手机等成了孩子们的"伙伴"。长期使用电子产品对儿童的危害已经被很多专家和学者所论证，但是电子产品进入儿童生活已经是不可更改的事实，父母应该更多思考的是如何有效利用而不是杜绝。网络正负效应并存，深刻地影响着儿童的心理发展。一方面，父母需要引导他们合理利用网络的丰富资源；另一方面，要努力培养儿童认清并剔除信息垃圾、抵制负面信息的能力，尽最大努力确保他们免受其害。

2. 从多方面入手，发挥电视节目对儿童习得亲社会行为的积极作用

鉴于电视节目对儿童所产生的重要影响，父母必须给予充分的重视，从多方面入手，发挥它的积极作用，控制其消极作用。首先，在节目的选择上，父母要把好关，为孩子选择一些合适的电视节目，开阔孩子的眼界，培养其同情心，避免儿童接触暴力节目。其次，父母可以陪孩子一起看电视，增进亲子交流。最后，多陪孩子参加各类户外活动，如郊游、登山、踢球等，鼓励其多与同伴共同游戏，丰富孩子的娱乐生活。

十一、暴力电视节目与儿童攻击性行为关系的实验

（一）实验介绍

前述实验介绍了亲社会性节目对儿童亲社会行为的影响，研究结果为我们更好地改善儿童的媒体环境提供了一定的启示和借鉴。然而，在现实生活中，除了亲社会类电视节目，还有一些电视节目带有暴力因素。儿童不可避免地会接触这类电视节目，那么这些带有暴力元素的电视节目是否给儿童带来了不良影响呢？特别是暴力电视节目是否对儿童的攻击性行为产生了不良影响呢？为此，心理学家专门设计了实验，探讨暴力电视节目对儿童行为的影响。[①]

1. 实验设计

（1）实验对象

875 名 9 岁儿童。

（2）实验准备

儿童观看电视行为记录表。

（3）实验程序

实验由艾伦等人设计、进行，是一项长期的追踪研究。他们对 875 名 9 岁儿童进行跟踪调查，记录他们每天观看电视节目的时间、喜欢的电视节目的类型、家庭背景以及同伴的评价等。随后，他们搜集这些儿童在 19 岁时和 30 岁时的一系列行为。

2. 实验结果

（1）实验结果测评标准

儿童喜欢观看的电视节目与儿童成年后的行为。

（2）实验结果

调查显示，喜欢看暴力电视的儿童成年后表现出更多的攻击性行为，两者存在着非常紧密的联系。其他类似研究也都得出了相似的结论。这些研究都在向家长、社会提出警告：为了孩子的健康发展，必须控制暴力电视节目向儿童的传播。

（二）教育启示

1. 帮儿童做好电视节目的筛选工作，确保儿童接触健康积极的电视节目

从以上实验可以看出，电视对儿童的成长有着十分重要的影响。那些暴力

---

① 边玉芳等：《儿童心理学》，57～58 页，杭州，浙江教育出版社，2009。

的节目会对儿童幼小的心灵带来诸多负面影响。它不仅为儿童提供了暴力榜样，诱发儿童的攻击性行为，而且使儿童对暴力行为变得习以为常。在科技和生活水平迅速发展的今天，父母很难让儿童与电视节目彻底隔绝，我们需要做的是帮儿童把好关，筛选出适合儿童发展特点的、正面积极向上的电视节目，如自然世界、趣味竞赛、儿童故事、教育亲子等类型的节目，以开阔儿童的眼界，培养儿童健全的人格。

2. 陪同儿童共同观看电视节目，增强观看过程中的互动与交流

不仅孩子爱看电视，大人也爱看。因此，父母可以选择适合儿童的电视节目共同观看，并在观看过程中增强与孩子的互动与交流，增进亲子之间的感情；向孩子解释电视节目与现实生活的区别，帮助孩子正确认识电视节目和其中的虚幻世界，分辨是非，从而减少不良节目对孩子的负面影响。

十二、科尔伯格儿童道德发展阶段实验

（一）实验介绍

科尔伯格是美国发展心理学家，致力于儿童道德判断发展的研究，提出了道德发展阶段理论。道德发展阶段是以不同年龄儿童道德判断的思维结构来划分的，强调儿童的道德发展与其年龄及认知结构的变化有很大关系。[①]

1. 实验设计

（1）实验对象

实验对象是居住在芝加哥郊区的 72 名男孩。这些男孩分属于三个年龄组，即 10 岁、13 岁和 16 岁。每个年龄组中有一半被试来自社会经济条件处于中下水平的家庭，另一半则来自社会经济条件处于中上水平的家庭。后期补充了 7 岁组的 12 名被试。

（2）实验准备

道德两难故事。

（3）实验程序

科尔伯格采用的研究方法主要是道德两难论法。他编制了九个道德两难故事和问题，其中一个常用的故事便是海因茨偷药的故事。有个妇女患了癌症，生命垂危。医生认为只有一种药能救她，即本城一个药剂师新研制的镭锭。这种药成本为 200 元，但售价却为 2000 元。病妇的丈夫海因茨到处借钱，但最

---

① 郭本禹：《道德认知发展与道德教育：科尔伯格的理论与实践》，130 页，福州，福建教育出版社，1999。

终只凑到 1000 元。海因茨恳求药剂师将药便宜点卖给他，或者允许他赊账。但药剂师拒绝了，并且说："我研制这种药，正是为了赚钱。"海因茨没别的办法，于是破门进入药剂师的仓库把药偷走了。

这是一个虚构的故事。当这样一个道德两难故事被呈现给孩子后，科尔伯格围绕这个故事提出了一系列问题，让孩子们讨论，以此来研究儿童道德判断所依据的准则及其道德发展水平。

①海因茨应该偷药吗？为什么？

②他偷药是对的还是错的？为什么？

③海因茨有责任或义务去偷药吗？为什么？

④人们竭尽所能去挽救另一个人的生命是不是很重要？为什么？

⑤海因茨偷药是违法的，不过这种行为在道义上是否错误？为什么？

⑥仔细回想故事中的困境，你认为海因茨最负责任的行为应该是什么？为什么？

2. 实验结果

(1)实验结果测评标准

科尔伯格将儿童对上述问题的回答进行水平的编码和划分，以此来确定儿童的道德发展水平。科尔伯格根据一系列的回答，编制了各种不同水平的量表，再来测定儿童的道德发展水平。科尔伯格从被试的陈述中区分出 30 个普遍的道德属性，如公正、权利、义务、道德责任、道德动机和后果等。每一个属性可分为 6 个等级，合计 180 项。然后，他把谈话中儿童的道德观念归属到 180 项分类表的一个小项下作为得分。儿童在某一阶段的得分在其全部表述数中所占的百分比便是儿童在该阶段的道德发展水平。道德两难故事法是科尔伯格用以研究个体道德发展的重要方法，他通过研究发现，个体的道德发展是一个循序渐进的过程，可以划分为不同的阶段。

(2)实验结果报告

科尔伯格根据自己的大量研究，得出结论，即儿童的道德发展可以分为三种水平：0~9 岁，前习俗水平；9~15 岁，习俗水平；16 岁以后，一部分人向后习俗水平发展，但达到的人数很少。科尔伯格认为，这种发展的顺序是由低级阶段依次向高级阶段发展的，既不会超越，更不会逆转。其中，每个水平又可以细化为两个阶段。

水平 1：前习俗水平。

该水平的特点是：个体还没有内在的道德标准，而是取决于外在的要求。他们用来作为道德判断的基准取决于人物行为的具体结果及其与自身的利害关系。

阶段 1：以惩罚与服从为定向。

个体以行为对自身所产生的后果来决定这种行为的好坏,而不管这种后果对人有什么意义和价值;以为只要被惩罚了,不管其理由是什么,那招致惩罚的行为一定是错的。避免惩罚和无条件地屈服力量本身就是价值。例如,他们说海因茨偷药合理,因为不偷药,妻子会病死,否则他要受到谴责。也有人说海因茨不该偷药,因为被抓住是会坐牢、受罚的。

阶段2:以相对功利为定向。

个体以行为的功用和相互满足需要为准则,开始知道了人们之间的关系是根据像市场地位那样的关系来判断的,知道了公平、互换和平等分配,但是他们是以物质上的或实用的方式来解释这些价值的。交换就是"你帮我抓痒,我也帮你抓痒",而不是根据忠义、感恩或公平来进行的。例如,赞成偷药的儿童认为妻子过去替海因茨做饭、洗衣,现在病了,该去偷;也有儿童认为,药剂师发明药就是为了赚钱,所以他的拒绝是对的。

水平2:习俗水平。

该水平的特点是:个体能按照家庭、集体或国家的期望和要求去行事,认为这本身就是有价值的,而不大理会这些行为的直接后果。这时他们能够从社会成员的角度来思考道德问题,了解、认识社会行为规范,并遵守执行这些规范。

阶段3:以"好孩子"为定向。

个体以人际关系和谐为导向,认为凡是讨人喜欢或帮助别人而被他们称赞的行为就是好行为;在进行道德评价时,总是考虑到他人和社会对"好孩子"的期望和要求,并尽量按照这种要求去做;对行为的是非善恶,开始从行为的动机入手来进行判断。例如,这一阶段的儿童认为海因茨偷药的动机虽然不坏,但是这种行为是违法的,不该这么做。他们的道德判断是以个人的行为是否被允许为标准的。

阶段4:以遵从权威与维护社会秩序为定向。

这一阶段个体判断的根据是相信规则和法律维护着社会秩序,因此,个人应当遵循权威和有关规范去行动。由于情、法、理三者有时难以兼顾,这一阶段的儿童判断善恶常会出现相互矛盾的现象。例如,这一阶段的儿童认为,海因茨偷药是为救治妻子,这合乎情理,但偷窃行为又是法律所禁止的,因此偷药又是不应该的。这一阶段儿童要求履行自己的义务,并要求别人也去遵守。

水平3:后习俗水平,又称原则水平。

该水平的特点是:个体努力在脱离掌握原则的集团或个人的权威,并不把自己和这种集团视为一体,而是以普遍的道德原则和良心为行为的基本准则,想到人类的正义和个人的尊严,其道德判断超出世俗的法律与权威的标准。

阶段5:以社会契约为定向。

个体开始认识到,法律或习俗的道德规范仅仅是一种社会契约,是由大家商定的，也可以因大多数人的要求而改变。在判断好坏时，认为只有兼爱的行为者才是道德的，错误的行为可以根据其动机是好的而减轻对其责难的程度，但也并不因为动机良好而将其错误的行为也看成正确的。例如，有人对海因茨表示同情，并愿出庭为其辩护，请求减刑。有人发问：法律允许药剂师不顾人的死活赚钱吗？他们认为自己对社会负有某种道义职责，对社会上的其他成员也同样负有道义上的责任。

阶段6：以普遍的伦理原则为定向。

这一阶段的个体以人生的价值观念为导向，对是非善恶的判断标准超越现实道德规范的约束，以正义、公正、平等、尊严等这些人类最一般的伦理原则为标准进行思考，并根据自己所选定的原则进行某些活动，行为完全自律。例如，他们对海因茨的行为表示赞许，以为这是对允许药剂师牟取暴利的一种反抗。人的生命比财产更宝贵，为了救人危难，甘愿蒙受屈辱和接受惩罚的行为是高尚的。这种认识突破了既存的规章制度，不是从具体的道德准则，而是从道德的本质上思考与判断的。

科尔伯格道德阶段理论至关重要的一点是：各种水平的道德推理是随着年龄的增长而发展的。科尔伯格依据儿童的年龄分析各个发展阶段对应的儿童对两难问题的回答。如图 5-7 所示，随着年龄的增长，儿童更多地使用高级阶段的道德推理来回答问题。其他的统计分析表明，学会使用每一阶段的道德推理能力对更高一级道德阶段的发展是必不可少的。

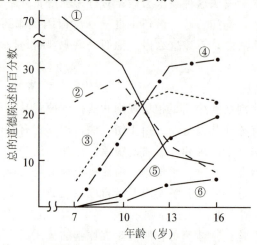

图 5-7　科尔伯格的研究结果

①服从与惩罚　②相对论者的快乐主义　③好孩子定向

④维护社会制度与权威的道德　⑤民主地承认法律　⑥普遍的原则

资料来源：方明. 心理学经典实验，安徽人民出版社，2009；95。

146

（二）教育启示

1. 关注儿童的道德发展阶段

从科尔伯格的道德发展阶段实验中，我们了解到儿童的道德发展是分层次、分阶段的，那么儿童道德教育就必须根据儿童道德发展的实际水平进行。在对儿童进行道德教育时，教养者必须了解儿童个体现在处于哪一个道德发展阶段，教育引导要刚好处于儿童既有道德阶段的下一个阶段，这样才能最大限度地促进儿童的道德发展。

2. 重视儿童的道德体验，内化道德认知

研究表明，幼儿一般不会明确考虑行为的道德后果、做出道德上的自我批评或自我反思，其道德体验源于道德行为的直接后果。这种特殊的体验方式连同成人对儿童的态度决定了儿童是一个"快乐的体验者"还是一个成人眼中的"侵犯的快乐者"。教养者要以尊重、宽容的态度看待儿童每一次道德选择，为儿童创设一个相对自由的价值空间和民主氛围，对儿童进行循循善诱的引导，激发儿童的道德冲突，提供给儿童在不同情境下实践道德判断的机会。儿童的道德发展是人与人、人与社会互动的结果，是一个逐渐发展与内化的过程，加之儿童的道德品质具有不稳定的特点，因此，我们不主张直接教授道德原则。刻板的说教往往流于表面，这样形成的道德认知无法真正引导道德行为。

3. 注重培养儿童的道德情感

道德情感也是儿童德育不可忽视的一个方面。无论是与儿童正确的道德行为相关的积极情感，如快乐、高兴等，还是与错误的道德行为相关的消极情感，如内疚、羞愧、害怕等，这些情感都是激发儿童做出道德行为，保持道德认知和道德行为一致性的重要来源。在日常生活和教学活动中，教养者要注重激发与维持儿童道德情感。教养者可以对儿童正确的道德行为及时给予肯定，用讲道理、移情的方式指出儿童错误的道德行为。

十三、皮亚杰道德认知发展实验

（一）实验介绍

儿童心理学家皮亚杰在儿童道德认知发展方面的理论和研究成果举世闻名。他与合作者英海尔德设计并实施了系列儿童道德认知发展相关的实验，并于 20 世纪 30 年代提出了儿童道德认知发展的阶段论。其著作《儿童的道德判断》(1930 年，法文版；1932 年，英文版)集中反映了他的研究和观点。在道德认知发展实验中，他采用间接故事法，设计了包含道德价值内容的对偶故事来

研究儿童的道德判断。[1]

1. 实验设计

(1)实验对象

0～12 岁的儿童。

(2)实验准备

包含道德价值内容的对偶故事。

(3)实验程序

皮亚杰先向儿童叙述经过精心设计的包含道德价值内容的对偶故事(这些故事基本上都是关于儿童过失行为的),然后让儿童对特定行为进行评价,并要求他们说出评价的理由,从评价及理由中分析儿童的道德认知。

对偶故事中有一对是这样的:

A. 一个名叫约翰的小男孩,听到妈妈叫他吃饭,马上放下手中的玩具冲下楼去推餐厅的门。但是他不知道门的背后有一张椅子,椅子上放着 15 只茶杯。结果约翰一推门,撞倒了椅子,15 只杯子也全部被打碎了。

B. 有个男孩叫亨利,一天,妈妈外出,他想拿碗橱里的果酱吃。他爬上椅子想伸手去拿,但果酱放得太高,他很难够着,结果碰碎了放在边上的一只杯子。

在向儿童叙述了上面的对偶故事之后,皮亚杰接着与每一个儿童进行访谈,对以下问题进行提问:①这两个故事你听懂了吗?②第一个孩子干了什么?③第二个孩子呢?④第二个孩子怎么会打碎杯子呢?⑤这两个孩子哪个更调皮?⑥如果你是他们的父亲,你对哪个惩罚得会更厉害些?⑦为什么第一个孩子会打碎 15 只杯子?⑧那么第二个孩子呢?⑨他为什么要拿果酱呢?

2. 实验结果

(1)实验结果测评标准

儿童对包含道德价值内容的对偶故事的判断。

(2)实验结果报告

从访谈结果来看,6 岁的儿童更倾向于认为约翰更坏些,更应受到惩罚。因为他打破了 15 只杯子,而亨利只打破了 1 只杯子。皮亚杰发现,6 岁以下的儿童无法进行比较,而 6～7 岁的儿童是根据杯子被打破的数量多少做出道德判断的,也就是根据主人公的行为在客观上造成的后果即行为的客观责任做出判断的。与此相反,10 岁以上的儿童大多认为亨利更坏些。因为约翰推门时

---

① 〔瑞士〕让·皮亚杰:《儿童的道德判断》,傅统先、陆有铨译,138 页,济南,山东教育出版社,1984。

不知道门后有杯子，是在无意中打碎杯子的，亨利却是因为妈妈不在，想偷吃东西打碎杯子的。可以看出，这时的儿童已注意行为的动机和意图，即能从行为的主观责任进行道德判断。

从各个年龄儿童的回答来看，儿童对过失的判断呈现如下特点：年幼儿童往往以客观责任作为判断（如打碎杯子的多少）的依据，但随着年龄的增长，这种判断逐渐减少；把主观责任作为判断依据的出现时间稍迟，并随着年龄增长而递增。这两种道德责任判断在8～9岁的儿童身上会同时存在。随后，主观责任的判断逐渐取代客观责任而居于支配地位。皮亚杰把这两种道德判断部分重叠的时期称为道德法则的内化阶段。儿童道德判断的发展是从外部服从权威的判断向自己控制的、由内在的法则所做的判断过渡的。

皮亚杰根据上述几个方面，概括了儿童道德认知发展的四个阶段：前道德判断阶段（0～2岁）、他律道德阶段（2～7岁）、自律道德阶段（7～12岁）、更高水平的道德阶段（12岁以上）。

（二）教育启示

1. 道德教育要符合儿童的心理发展水平

皮亚杰认为，在儿童道德认知发展的四个阶段中，阶段与阶段之间只能渐进，不能跳跃，只能顺进，不能逆转。根据这一研究结果，道德教育一定要符合儿童的心理发展水平，不能脱离儿童的接受能力。儿童道德发展阶段是一个渐进有序的过程，因此对各个年龄段儿童进行的道德教育内容也应不同。皮亚杰承认，良好的教育可以促进儿童道德发展，但教育的作用是有限的，它不能超越儿童道德发展规律的制约。道德教育内容必须符合道德发展水平，否则儿童就不能内化道德观念，道德教育就会趋向失败。

对于不同年龄的儿童必须采用不同的道德教育方法，否则难以达到良好的教育效果。皮亚杰指出，年幼儿童虽然能够按照成人的要求去做，但他们实际上并不明白为什么要这样做。某些成人利用权威对儿童发号施令，随便对他们的行为加以约束，这样丝毫不能促进儿童智力和道德的发展，对儿童智力、道德的发展有百害而无一利。大龄儿童能够根据自己观念上的价值标准对道德问题做出判断，能用公道不公道这一新的道德标准去判断是非。对这一阶段的儿童施以约束是没有用处的，应该晓之以理。

2. 培养儿童的道德认识，发展儿童的道德情感

道德发展的过程是一个随着道德认识不断提高的过程。道德思维的提高是道德发展的一个必要条件。因此，要发展儿童的道德就要从对道德思维能力尤其是自我评价能力的培养入手，让儿童参与问题的讨论，为儿童提供具有挑战性但合适的机会，帮助儿童提高道德认知，使儿童既正确地评价他人，又全面

地评价自己，形成接纳他人和悦纳自己的品质，与人和睦相处，对社会宽容，对自己自律。

十四、亲社会行为实验

（一）实验介绍

亲社会行为是指人们在社会交往中所表现出来的谦让、互助、合作和共享等有利于别人和社会的行为，也包括利他行为和助人行为。萨恩·威克勒斯和瑞德克·亚罗（Zahn Waxler & Radke Yarrow）在1982年采用横向研究和纵向研究相结合的方式对婴幼儿的亲社会行为进行研究。[①]

1. 实验设计

（1）实验对象

实验分为两个部分。在第一部分，研究者选取了20名幼儿，男孩、女孩各10人，平均年龄为25.7个月（24.1~26.5个月）。在第二部分，研究者选取了60名幼儿，其中一半与母亲在一起，一半与父亲在一起。他们组成了3组，每组20人。按儿童性别和父母性别分成18个月年龄组、24个月年龄组和30个月年龄组。

（2）实验准备

带有单向玻璃的实验室，摄像机，一张家务清单，一些杂物（如成袋食品）。

（3）实验程序

主试在接待室与父母和孩子见面，并向父母解释操作过程，向父母询问孩子在家里可以帮助完成的工作；给家长一张家务清单，并告诉他们可以按照自己的意愿，任意进行上面的任务。他们在做的过程中要描述他们要做的事情——增加父母行动的重要性，保持自然的语调，并且要慢慢地完成任务，方便孩子们加入。此外，还要告知父母，他们不需要做所有的任务，哪怕最开始的任务没有完成也可以，他们可以随时停下来和孩子一起读书或者玩游戏。这一措施的目的是让父母像往常那样与孩子互动。父母只被要求不要告诉孩子他们应该做什么。在这些说明中，主试要避免使用"帮助"这个词，因为孩子们可以理解它的意思。在整个过程中孩子们在接待室玩玩具。然后父母和孩子被带入实验室，里面装有单向玻璃，摄像机从他们进入房间开始录像，持续25分钟。

---

① 边玉芳等：《儿童心理学》，262页，杭州，浙江教育出版社，2009。

2. 实验结果

（1）实验结果测评标准

当父母在做家务时，幼儿是否会主动帮助父母做家务。若可以，则视为幼儿有助人行为。

（2）实验结果

所有 18 个月大的幼儿不仅参加了父母的家务劳动，而且参与程度比较高。具体而言，20 个 18 个月大的幼儿中有 13 个帮助父母完成了一半或更多的任务。在 24 个月组中有 18 个幼儿参与了帮助任务以及 30 个月组中的所有幼儿都出现助人行为。父母执行不同任务的频率与儿童参与的百分比之间没有简单的关系。一方面，几乎所有的父母都摆好桌子，收好卡片，几乎所有的孩子都帮助做这些工作。另一方面，也出现了一些同样的问题。尽管 18 个月组的父母都整理了书籍，但在他们进行的过程中只有约 44% 的儿童参与了，儿童的帮助行为和父母的行为之间缺少联系。

（二）教育启示

1. 为幼儿提供更多助人的机会

20 个月左右的幼儿就表现出乐于参加家庭劳动的兴趣，这是他们希望参与成人活动、模仿成人行为需要的驱使，也是他们认识世界、与外界接触的重要方式。对于孩子表现出的助人意愿，父母应该积极支持，尤其是让孩子做一些力所能及的家务活。孩子能在做简单家务的过程中获得乐趣和成就感，同时锻炼自己大肌肉和小肌肉动作的发展。但是，父母在这个过程中要根据孩子的发展水平为其选择适合的家务。

2. 对幼儿的亲社会行为及时鼓励

幼儿由于缺少经验，对行为和事物的评判尚未建立起自己的评价标准，他们的评价标准通常来自父母和榜样。因此，教养者应该对幼儿的亲社会行为给予及时的鼓励和表扬，促进该亲社会行为的再次出现。对幼儿鼓励的方式应该更多地采用内部激励。当幼儿出现亲社会行为时，对其人格的赞扬比一般的赞扬更加有效。因此，教养者可以帮助幼儿逐渐把外在的表扬归因于内在的人格特质，逐渐在幼儿的自我概念中建立起助人意识。

十五、亲子帮助任务实验

（一）实验介绍

以前有大量的研究工作涉及较大儿童的亲社会行为的社会化，但是针对早期幼儿亲社会行为社会化的研究相对较少，并且很少有研究关注早期社会化实践中的年龄差异。沃（W. Waugh）等人研究的目的是确定在父母需要帮助的联合活动中，父母如何鼓励、诱导和维持幼儿的帮助行为，以及随着亲社会反应开始变得更加抽象、以需求为导向和自主，父母的社会化工作将如何随幼儿的早期发展而变化。①

1. 实验设计

（1）实验对象

46 名发育正常的幼儿及其父母参加了研究。19 名幼儿（10 名男孩，9 名女孩)18 个月大，27 名幼儿（15 名男孩，12 名女孩)24 个月大。这些家庭是通过邮件和电话从美国一个中等城市招募的。父母中的大多数是母亲参与实验，有 4 个父亲参与实验。样本主要是白种人，大多数父母受过良好教育（88％拥有学士学位或以上学位），属于中产阶级（87％的父母年收入超过 50 000美元)。

（2）实验准备

一个大游戏室（约 4.4 米×3 米），一端有一个单向镜，通过该单向镜可以对测试进行视频记录。

（3）实验程序

亲子帮助任务（parent-child helping task）改编自莱茵戈德（Rheingold）关于帮助处理日常家务的研究②以及沃内肯（Warneken）和托马塞洛（Tomasello）的"衣夹"帮助任务（"clothespin" helping task）。③ 两个任务均用于研究 14～30 个月幼儿的亲社会行为。

在房间的一端放一箱餐巾，在房间的另一端放晾衣绳。将衣夹放在房间中间的水桶中，水桶的位置大约在衣服和晾衣绳之间。任务间设置一定的时间间隔，为父母寻求帮助提供了机会。晾衣绳在幼儿够不到的地方，以使幼儿不能独自完成任务。

2. 实验结果

（1）实验结果测评标准

幼儿是否会做出帮助行为。

① Waugh, W., Brownell, C., & Pollock, B., "Early Socialization of Prosocial Behavior: Patterns in Parents' Encouragement of Toddlers' Helping in an Everyday Household Task,"*Infant Behavior & Development*, 2015, 39, pp. 1-10.

② Rheingold, H. L., "Little Children's Participation in the Work of Adults: A Nascent Prosocial Behavior," *Child Development*, 1982, 53(1), pp. 114-125.

③ Warneken, F., & Tomasello, M., "Altruistic Helping in Human Infants and Young Chimpanzees," *Science*, 2006, 311(5765), pp. 1301-1303.

（2）实验结果

父母在幼儿两岁时会使用各种各样的策略和方法来鼓励他们的帮助行为，并且对 18 个月和 24 个月大的幼儿使用的方式不同。对于 18 个月大的幼儿，父母强调眼前任务的具体方面，并提出工具性的、目标导向的行为要求。具体来说，父母传达了幼儿可以承担哪些任务，并帮助父母完成任务。父母通过命令和要求来做到这一点。有时还通过与幼儿一起实施具体的、有目标的行动。在幼儿两岁之后，父母减少了对这种具体的、特定于任务的方法的使用，而更多地使用抽象的方法，强调他们自己的需要或情感，以及幼儿在满足或减轻父母需要压力方面的作用。对 24 个月大的幼儿同样经常使用这两种方法。更多的需要和情感导向的方法在学龄前阶段继续增加，因为它传达了"为什么"帮助而不是"如何"帮助，从而构建幼儿的理解，也许还有他们亲社会反应的一般动机。研究还发现，父母对帮助他们的孩子，特别是一岁的孩子，关注帮助情境的相关部分；他们通常会对幼儿的帮助行为做出反应，并尝试鼓励，无论是身体上的还是口头上的社会认可。

研究结果显示，父母与幼儿建立联结活动，通过引导、激励、支持和鼓励幼儿合作参与共同的行动，从而引出简单的亲社会反应。在幼儿两岁时，父母强调的是改变他们的社会化方法，以培养幼儿的动机、理解力和亲社会行为的能力。此外，父母表扬并在社会性方面认可幼儿的亲社会反应，即父母经常通过表扬来鼓励幼儿的亲社会行为，而且他们对年龄较大、社会技能更高的幼儿有更多的社会认同。

（二）教育启示

1. 正确认识父母行为在婴幼儿亲社会行为发展中的关键作用

亲社会行为作为一种规范的、有社会价值的行为，是婴幼儿社会能力发展的关键。因此，父母应该让幼儿尽早参与到社交活动中来。家庭是幼儿出生后的第一个生活场所，父母在婴幼儿早期行为发展中更是起着关键的作用，对婴幼儿社会化的影响是至关重要的。

2. 循序渐进地鼓励并发展婴幼儿的亲社会性

在日常生活中，父母可以根据婴幼儿的年龄特点，循序渐进地培养婴幼儿的亲社会性。比如，鼓励幼儿帮忙做简单的家务，让幼儿在实践中学习。这种从特定的、父母指导的行为到幼儿完全自主的亲社会行为，都体现了不同程度的亲社会性。虽然这些由父母和幼儿共同分享、实现的目标最初不是幼儿提出的，但是随着时间和环境的变化，这种亲子联合活动有助于增加幼儿在其他交往活动中的亲社会行为，激发幼儿亲社会行为的自主性和自发性。[①]

十六、分享行为实验

（一）实验介绍

一直以来我们都认为儿童是自私的，总是倾向于私自占有物品。在自然观察的情境下，学前儿童大多拒绝与别人分享玩具。但是，研究者通过实验发现，婴儿其实也期待着公平分配。当物品是伙伴间合作得到的时，儿童更倾向于公平分享而不是占为己有。对于儿童倾向于占为己有的一个相关原因是儿童双方或多方是在单方面地决定而不是共同决定。本实验旨在探究 0～3 岁的婴幼儿预先没有占有物品，在与同伴决定的情境下是否会与同伴共同平等地分享物品。[②]

1. 实验设计

（1）实验对象

48 名幼儿，其中 24 名幼儿月龄在 17～19 个月之间，24 名幼儿月龄在 23～25 个月之间。

（2）实验准备

如图 5-10 所示的玩具盒子，弹珠。

（3）实验程序

研究者做了一个玩具盒子（如图 5-8），把弹珠丢到这个盒子里，盒子就会发出很好听的响声。孩子们很喜欢玩这个玩具。玩这个玩具需要弹珠，因此，在这个实验里，弹珠就是需要分配的资源。每次实验都由一个实验者（E）带着两名幼儿（幼儿 1、幼儿 2）进行，他们一起围坐在桌边。在实验的过程中，首先由实验者给两名幼儿演示盒子的玩法，然后让他们自己分配桌子上的四颗弹珠。

成对的彼此熟悉的幼儿在日托中心的一个安静的房间里接受了测试。所有的测试都是由一名女性实验者完成的。经过一段时间的熟悉后，幼儿被带到测试室。实验的每部分都会被录像，持续 7～10 分钟。

当幼儿进入测试房间里，并坐在了正确的位置时，实验者拿出弹珠，并说

① Brownell, C. A., "Early Developments in Joint Action," *Review of Philosophy and Psychology*, 2001, 2, pp. 193-211.

② Ulber, J., Hamann, K., & Tomasello, M. "How 18-and 24-month-old peers divide resources among themselves," *Journal of Experimental Child Psychology*, 2015, 140, pp. 228-244.

这些弹珠是用来玩一个有趣的游戏。实验者把两个弹珠扔进盒子里来演示这个游戏。接下来实验者打开容器的盖子，容器里有四个弹珠。然后被试开始玩游戏。在被试分配弹珠玩游戏时，实验者看着地板，等待被试把弹珠扔进盒子里。如此循环往复。

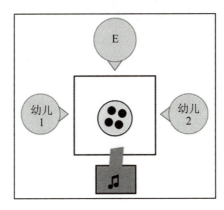

图 5-8　玩具盒子

资料来源：Ulber et al.，2015。

2. 实验结果

（1）实验结果测评标准

研究者通过后期的录像进行编码研究。首先会对幼儿分配弹珠的数量进行分类（2∶2，1∶3，3∶1，4∶0）。同时研究者会观察被试如何实现资源的分配，并把资源的分配方式分成四种：①把一颗弹珠递给另一位同伴；②从同伴手中偷走一颗弹珠；③轮流拿珠子；④随意的行为（幼儿以一种混乱的、不受控制的方式拿取和伸手去拿弹珠，如同时抓）。

（2）实验结果报告

在没有外人干预的情况下，幼儿在和同伴分配资源时很少独占。在具体的行为方式上，幼儿只是同时或交替地拿着他们想要的东西，几乎没有争斗或抗议。这说明幼儿是以和平与容忍的方式分配资源的。

（二）教育启示

1. 充分利用同伴合作机会，培养幼儿分享行为

分享是儿童早期道德发展的良好范例，但是许多人忽略了它在发展中的重要性。研究发现，幼儿的分享行为在幼儿与同伴玩耍时发生的概率较高。教师要重视培养幼儿的分享行为，并在具体教育过程中落实下来。教师应该将"分享"这一理念渗透到"一日生活教育"中，贯穿幼儿的整个学习、生活，时刻注意

对幼儿进行教育。教育可以是在幼儿区域活动、户外活动时，提醒幼儿要懂得与小伙伴分享；也可以在幼儿进行集体活动时，教导幼儿分享彩笔、纸张等玩具。

2. 对幼儿进行移情训练，提高幼儿分享行为

在一日教学活动中，教师运用移情训练的方法可以有效提高幼儿的分享行为，这就要求教师理解移情训练，并灵活掌握运用移情训练的方法。当前大多数教师对移情的理解不足，对移情训练更是闻所未闻。因此，幼儿园要多组织教师参加此类培训，教师也要主动提高自身对移情的理解与方法的掌握，这样才能更好地培养幼儿的分享行为。另外，移情训练的方法多种多样，不同的方法产生的效果也不同。教师要针对不同的情况，选择合适的方法。无论运用哪种方法，最终都是为了让幼儿感知和理解分享的意义，产生分享意识并做出分享行为。

十七、同伴关系实验

（一）实验介绍

同伴是指与儿童相处的具有相同或相近社会认知能力的人。同伴关系主要是指同龄人或心理发展水平相当的个体间在交往过程中建立起来的一种关系。除了父母和教师，儿童接触最多的就是自己的同伴了，同伴关系在儿童的心理发展过程中非常重要。同伴间的互动，常常强化或惩罚某种行为，从而影响该行为出现的可能性。此外，同伴还会提供行为的榜样和一种社会模式。为了探讨同伴关系对儿童心理发展的影响，帕特森（G. R. Patterson）等人开展了实验研究。[1]

1. 实验设计

（1）实验对象

36 名幼儿，男孩女孩各 18 名。

（2）实验准备

幼儿同伴攻击行为记录表。

（3）实验程序

帕特森等人为了研究同伴的反应在强化幼儿攻击性行为方面所起的作用，专门训练一组儿童观察幼儿园幼儿互相攻击的情况。研究者共观察 33 次，每次 2.5 小时。详细记录被攻击者的反应态度。

---

① 边玉芳等：《儿童心理学》，53～54 页，杭州，浙江教育出版社，2009。

2. 实验结果

（1）实验结果测评标准

被攻击者的反应态度对攻击者攻击行为的影响。

（2）实验结果报告

研究发现，当一个幼儿猛冲过去，去抢另一个幼儿的玩具时，若被攻击者的反应是哭、退缩或沉默，那么攻击者以后还会用同样的方式去对付别的幼儿，即消极的反应会强化幼儿攻击性行为。相反，如果一个幼儿在受到攻击时立即给予反击，或者教师立即制止攻击者的行为，批评攻击者并要求其把东西归还原主，那么，攻击者的攻击行为可能会收敛，他们改变这种行为，或者另觅进攻的对象。同伴的攻击性行为带来的影响是：攻击行为的发出者会因为被攻击对象的反馈而改变自己的行为，或者继续攻击，或者停止攻击；反过来，被攻击对象也可能会习得同伴的攻击行为。由于反击阻止了别人的进攻，受攻击者就会强化自己的攻击性行为。可见，同伴间行为的影响是交互作用的。

（二）教育启示

1. 为幼儿创造与同伴相处的机会

在幼儿发展中具有与成人互动无法比拟的作用，同伴互动能促进幼儿包括认知、社会性等多方面能力的发展。家长要有意识地给孩子创造与同伴相处、交流的机会。家长要扩大孩子的社交面，不要因为安全问题或怕麻烦等原因将孩子关在家中。除了幼儿园和学校环境外，家长要为孩子创造与同伴相处的机会，如与亲戚朋友的孩子、社区内的伙伴一起玩耍，通过参加一些活动促使孩子与同伴交往，促进孩子全面发展。

2. 教师要关注同伴群体中的"特殊需要幼儿"，采取有针对性的方法

实验还发现，幼儿与同伴群体的关系影响到幼儿的发展。在同伴群体中处于劣势会影响幼儿发展，而且这些幼儿往往受到人们的忽视。因此，教师要关注"特殊需要幼儿"。"特殊需要幼儿"往往表现为两种类型。一种是被忽视型幼儿。他们往往性格内向，不太活泼，胆小，不爱说话，在交往中缺乏积极主动性，孤独感较强。另一种是被排斥型幼儿。他们往往力气大，体质强，行为表现最为消极，不友好，积极行为很少，脾气暴躁，容易冲动，容易受到群体排斥。对于第一种幼儿，教师要采取鼓励的措施，并使他们了解自己的性格特点，适当地教给他们一些社会交往的技巧；对于第二种幼儿，要让他们了解自己的缺点，引导他们学会与人分享，与人友好相处。

十八、助人行为实验

(一)实验介绍

角色扮演是一种引导儿童担当别人角色的教育方法。它能向儿童提供各种以经验为基础的学习情境,通过人际或社会互动,再现儿童现实生活中可能发生的人际或社会难题。它使儿童以参与者或观察者的身份,卷入这种真实的问题情境中,做出相应的反应。而由扮演所引起的一系列言语或行动、理智或情感反应,又成了他们道德探索的直接经验。借助这些经验,儿童可以去探究和识别自己及他人的思想感情,洞察和理解自己及他人的立场、观点和内心感受,形成解决人际或社会问题的技能和态度。因此,角色扮演对儿童道德行为发展方面的影响是非常大的。美国心理学家斯陶布(E. Staub)利用实验方法研究了角色扮演对幼儿利他行为的促进作用。[①]

1. 实验设计

(1)实验对象

学前儿童。

(2)实验准备

两间相邻但不透明的房间。

(3)实验程序

斯陶布假设至少有两个因素在助人中是关键性的——对困难者设身处地的设想能力以及掌握有效的帮助别人的知识或技能。斯陶布认为这种设想如果是正确的,就应当通过训练幼儿设身处地的设想能力和适当技能去增强幼儿助人的意愿。斯陶布于是设计了五种情境:①一个幼儿在隔壁房间里从椅子上跌下来正在哭;②一个幼儿想搬一张对他来说很难搬动的椅子;③一个幼儿因为积木被另一个幼儿拿走了而感到苦恼;④一个幼儿正站在自行车飞驰而来的路中间;⑤一个幼儿跌倒而且受伤了。

接下来,他把参与实验的幼儿一一配对,采取表演游戏法(或称角色扮演法)和诱导法,以达到增强幼儿帮助其他处于困难中的幼儿的意愿。实验研究共有四组:第一组是角色扮演法,第二组是诱导法,第三组是同时应用两种方法,第四组是控制组。在角色扮演组中,幼儿要表演一种情境,其中一个幼儿扮演需要帮助者,另一个幼儿扮演帮助者。实验者先描述一种需要帮助的情境,然后要求扮演帮助者的幼儿即时做出所有他能想到的各种帮助行为,接着

---

① 边玉芳等:《儿童心理学》,277~279页,杭州,浙江教育出版社,2009。

实验者又描述一些其他需要帮助的情境，也要求他如实地表演出来。最后，两个幼儿交换扮演的角色，幼儿自动想出的或实验者揭示的各种可能的帮助方法包括直接干涉、对受害幼儿进行口头上的安慰，以及喊别人来给予帮助等方法在实验中都是被允许的。诱导组和角色扮演组活动内容一样，只是仅仅要幼儿口头上讲出如何给予帮助。

而后，实验者像在角色扮演组那样指出其他合适的帮助办法，并指出每种方法会对有困难的幼儿产生怎样的积极效果，如增加他们的积极情绪或减少其痛苦及难受的程度。在表演游戏和诱导并用的一组中，幼儿受到两种方法的训练。为了了解各种实验方法的直接效果，每个参加实验的幼儿均被领到一间有各种玩具的房间里玩耍。实验者和幼儿简短交流后，就跑到隔壁房间去"看一个正在那里玩的女孩子"，宣称自己要离开一会儿。实验者离开后不到2分钟，被试可以听到隔壁房间里发出一声很大的"砰"的声音，接着大约有70秒的痛哭声和抽泣声。实际上隔壁并没有人，痛苦的声音是由录音设备发出的，但在被试看来，隔壁房间里有一个孩子，在要求帮助，而这里又没有其他人去帮忙。被试会怎么做呢？

2. 实验结果

（1）实验结果测评标准

斯陶布把幼儿的反应分成三种：假如他们跑到隔壁去帮忙，属于主动的帮助；假如他们跑去报告实验者隔壁房间里出了事情，属于自愿的报告（间接帮助）；假如没有做任何努力以提供直接或间接的援助，属于没有帮助。

（2）实验结果报告

斯陶布的实验结果表明，角色扮演组的效果最好，而且效果至少可以保持一星期。这说明角色扮演法既能激发幼儿移情，又能培养其助人技能，成为幼儿教育中有效的方法。而诱导法的效果并不显著，它使幼儿有点"对立"，表明强迫幼儿"变好"的压力明显对幼儿的自由产生一些威胁，因此幼儿以抗拒来加以回应。

（二）教育启示

1. 成人要注重通过角色扮演培养婴幼儿的助人行为

实验结果表明，角色扮演组的幼儿助人行为表现最佳，证实了角色扮演对幼儿利他行为具有促进作用。因此，在婴幼儿早期教育实践中，可以采取角色扮演的方式来对婴幼儿进行道德教育和熏陶。角色扮演是一种符合婴幼儿心理发展特点与兴趣需要的活动类型，婴幼儿在角色扮演中可以充分学习助人行为的真实情境，体验助人行为带来的情绪体验。这样一种受婴幼儿喜爱的游戏类型是培养婴幼儿助人行为、发展其社会性能力的重要载体，理应受到教养者的关注。

2. 角色扮演活动要贴近婴幼儿的生活

为了使角色扮演游戏更好地促进婴幼儿的利他行为，教养者要注重角色扮演活动主题的选择。具体来说，教养者要注意选择一些与婴幼儿自身生活密切相关的主题，切忌一味追求一些浮夸的、不能被婴幼儿理解的东西。例如，同伴游戏中应经常出现一些真实情境：建构游戏中帮同伴递积木，安慰因想念妈妈而哭泣的同伴，等等。只有源于真实道德生活的角色扮演主题，才能与婴幼儿原有的道德经验系统联系起来，从而真正得到他们的理解、认同与接受。

十九、羞愧感实验

（一）实验介绍

所谓羞愧感，又称羞耻感，是指个体做了不符合道德规范的事所产生的内疚、羞愧等心理体验，也是个体是非观念、善恶观念、美丑观念、荣辱观念的一种综合反映。苏联德育心理学家库尔奇茨娅是研究儿童羞愧心理的专家，她通过实验研究了幼儿的羞愧感。[①]

1. 实验设计

（1）实验对象

幼儿园中 3～5 岁的幼儿。

（2）实验准备

包装精美的新玩具。

（3）实验程序

库尔奇茨娅曾经设计实验研究了幼儿的羞愧感。她创设了能引起幼儿羞愧感的四种情境。第一种情境是，库尔奇茨娅把一个 5 岁的幼儿领进房间，让他玩一些玩具，并且告诉他其中有个包装精美的新玩具是别人的，不能动。幼儿独自在房间里玩了一阵子，在玩遍了所有他能玩的玩具后显得很无聊，于是想去玩那个包装精美的新玩具。犹豫了很久，终于，他有些按捺不住了，打开了包着玩具的纸。这时，库尔奇茨娅走了进来，让他拿着玩具走出房间，同时观察他的情绪反应。

第二种情境是，库尔奇茨娅来到幼儿园，组织幼儿玩"请你猜"游戏。她用手绢蒙住一个幼儿的眼睛，让另外一个幼儿击鼓，其他幼儿围成一圈，顺时针传一个苹果，鼓声停止之后，让蒙住眼睛的被试去找苹果，如果找到就能得到奖品。不同年龄的幼儿轮流蒙住眼睛参加游戏。在游戏的过程中，若有幼儿为

---

① 边玉芳等：《儿童心理学》，289～291 页，杭州，浙江教育出版社，2009。

了找到苹果而在手绢下偷看，库尔奇茨娅就把这种行为告诉全体小朋友，并观察此时该幼儿的情绪反应。

第三种情境是，库尔奇茨娅让一个幼儿说出一首能从头到尾背出来的歌谣的名字，然后让他当着大家的面背这首歌谣。当他有什么地方忘记或者背错时就羞他："你不是说你能全部背出来吗？"观察该幼儿的情绪反应。

第四种情境是，库尔奇茨娅给幼儿园各个班的小朋友布置了家庭作业，让他们用纸折餐巾，第二天带回学校作为送给其他小朋友的礼物。为了激发他们的责任感，强调餐巾是第二天联欢会急需的，不管是谁都要完成。第二天早晨，她当着所有幼儿的面检查任务的完成情况，并注意观察未完成任务的幼儿的情绪反应。

为了进一步探索幼儿的羞愧心理到哪个年龄阶段会受到舆论的影响，库尔奇茨娅还设计了"去学校"的游戏情境。她要求幼儿正确地、富有表情地朗诵一首儿歌，参加者分别为本班教师、本班部分幼儿、全班幼儿、陌生教师、大班幼儿。

2. 实验结果

实验结果表明，3 岁幼儿已经出现了萌芽状态的羞愧感，但这种羞愧感还没有从惧怕中摆脱出来，往往与难为情、胆怯交织在一起。羞愧感并不是因为幼儿认识到自己的过失而产生的，而是由于成人的直接刺激——带有责备或生气的口吻时才产生。这个年龄阶段幼儿的羞愧感全部显露在外部。

学龄前儿童不需要成人的刺激，已经能自己认识到行为不对而感到羞愧，并且其惧怕感已经与羞愧感分离。随着年龄的增长，幼儿羞愧感的范围在不断扩大，而且越来越社会化，但羞愧感外部表现的范围在缩小，对羞愧感的体验在加深。幼儿还会记住产生这种情绪的条件，以后遇到类似的情境便会努力克制可能使他再做错事的行为和动机，并将成人对他们的要求逐渐变为自己的要求。

(二)教育启示

1. 教授婴幼儿羞愧感等相关的情绪知识

羞愧感能使幼儿自觉地克制不良行为，但如果不加以正向引导，由于过多指责而引起的极度强烈的羞愧感就可能会束缚幼儿的发展，从而使幼儿形成不良个性。因此，教养者一定要注意对婴幼儿羞愧感等在内的情绪的引导。结合婴幼儿情绪情感发展的年龄特点，教养者可以在合适的时期，教授婴幼儿羞愧感相关的情绪体验知识。例如，告诉婴幼儿这种情绪是什么，主要表现是什么，在什么情况下会发生。婴幼儿提前掌握这些情绪的知识，对他们以后正确面对自己的羞愧感具有积极的作用。

2. 正确引导婴幼儿的羞愧感

当婴幼儿在生活中出现羞愧感时，教养者要用积极正向的方式来引导婴幼儿面对自己的情绪。例如，告诉婴幼儿，这种情绪并不是不可以有的，让婴幼儿保持放松，积极对待羞愧感。在正确引导幼儿羞愧感的过程中，教养者应在情境氛围的创设上发挥主导作用。人在一定的情境中可以诱发情绪体验，羞愧感当然也不例外。例如，通过一些真实的情境，教养者和婴幼儿共同体验情绪，面对情绪。

第六章　婴幼儿发展的影响因素

一、经典条件反射实验

（一）实验介绍

一个刺激和另一个带有奖赏或惩罚的无条件刺激多次联结，可使个体在单独面对该刺激时产生类似无条件反应的条件反应，这就是支持现代心理学发展的基础理论之一——经典条件反射（又称巴甫洛夫条件反射）。[①] 巴甫洛夫（Ivan Pavlov）的关于条件反射的实验作为心理学入门基础实验被大家熟知。

1. 实验设计

（1）实验对象

狗。

（2）实验准备

食物，测量唾液分泌多少的仪器，铃声、节拍器、灯光等中性刺激。

（3）实验程序

实验可以简化为三个阶段，如表 6-1 所示。第一个阶段只呈现无条件刺激物；第二个阶段中性刺激和无条件刺激物配对出现，这一过程经过多次重复；第三个阶段只呈现中性刺激。

表 6-1　条件反射形成的三个阶段

阶段	刺激	反应
第一个阶段	无条件刺激（食物）	无条件反射（唾液分泌）
第二个阶段	无条件刺激（食物）＋中性刺激（如节拍器、铃声）	无条件反射（唾液分泌）
多次重复第二个阶段	同上	同上
第三个阶段	条件刺激（原来的中性刺激，如节拍器、铃声）	条件反射（原来的无条件反射，即唾液分泌）

资料来源：彭聃龄. 普通心理学，北京师范大学，2012：542。

---

① ［美］罗杰·霍克：《改变心理学的 40 项研究：探索心理学研究的历史》（第 6 版），白学军等译，74～78 页，北京，人民邮电出版社，2014。

巴甫洛夫设计了这样的实验：在喂食之前先出现中性刺激——铃声，铃声结束以后，过几秒钟再向喂食桶中倒入食物，观察狗的反应。起初，铃声只会引起一般的反射——狗竖起耳朵来——但不会分泌唾液。但是，经过多轮实验，仅仅出现铃声狗就会分泌唾液。巴甫洛夫把这种反射行为称为条件反射；把铃声称为分泌唾液这一反射行为的"条件刺激"，把食物一到狗的嘴里，唾液就开始分泌这种简单的不需要任何培训的纯生理反应称为"非条件反射"；将引起这种反应的刺激物——食物——称为"无条件刺激"。

巴甫洛夫和他的助手们变换了各种形式来验证"条件反射"的存在。他们变换了中性刺激，在喂食前使灯光闪动，或者在狗可以看见的地方转动一个物体，或者某个可以碰触到狗的物体，或者拉动狗圈上的某个部位。

2. 实验结果

（1）实验结果测评标准

观察狗在无条件刺激和中性刺激呈现后的反应。

（2）实验结果报告

巴甫洛夫发现，并不是所有中性刺激都能引起反射行为。中性刺激能否引起条件反射主要受以下因素影响。

刺激呈现的顺序。只有先于非条件刺激出现，中性刺激才能引起条件反射。也就是说，铃声必须在喂食以前就出现，如果先喂食，再给铃声，训练多少次也是没有用的——铃声仍然是中性刺激，不会使狗一听见铃声就分泌唾液。

中性刺激必须和无条件刺激相结合。如果只给铃声不喂食，那么铃声永远都无法使狗分泌唾液。另外，即使经过训练，铃声已经成为条件刺激，能够引起狗分泌唾液的反应。如果这时候连续多次，狗就会"明白"这不过是骗人的把戏，就再也不会"相信"了，因而已经形成的条件反射就会消失。

注意刺激之间的区别。巴甫洛夫发现，如果想要让狗能够"识别"某种特定的刺激，只对这一特定的刺激形成条件反射，就要注意区分这一刺激和其他刺激的区别。如果不加强化，狗会不加"辨别"地对所有类似刺激都形成条件反射。例如，如果狗已经形成了对灯光（功率为60W）的条件反射，那么，只要出现灯光，狗就会分泌唾液，但唾液分泌的多少是不一样的。对于那些接近60W功率的灯泡（如40W）发出的灯光，狗分泌的唾液较多；而那些与60W功率相差太多的灯泡（如15W、200W）发出的灯光，则分泌的唾液较少。这时候，如果进行强化训练，打开60W的灯泡时喂食，而打开其他功率的灯泡则不喂食，狗就会逐渐"明白"：原来灯光也是有区别的，并不是所有的灯光都"意味着"喂食。经过多次训练，狗就会区分这些不同刺激了：它们只对功率为 60W 的灯泡发出的灯光分泌唾液，而对 15W、200W 的灯泡发出的光不再理睬。当然，狗的辨别能力是有限的，那些比较接近的刺激（如 40W 的灯泡发出的光），还是会引起条件反射，使它分泌唾液。

巴甫洛夫在实验中先摇铃再给狗食物，狗得到食物会分泌唾液，如此反复。反复次数少时，狗听到铃声会产生一点唾液；经过 30 次重复，单独的声音刺激可以使狗产生很多唾液。在这里，食物是无条件刺激（unconditioned stimulus），即已有的一种反应诱因；分泌唾液是无条件反应（unconditioned response）——对无条件刺激的无条件反应；铃声是条件刺激（conditioned stimulus）——一种被动引起的无条件刺激的反应。

在实验中，食物和铃声之间的联系重复，最终导致狗将食物和铃声联系起来，并在听到铃声时分泌唾液。这种由铃声一种刺激引起的唾液分泌的反应叫作条件反射。比如，一只听到铃声就分泌唾液的狗在一段时间内既没有得到食物也没有听到铃声，那么这种条件反射可以和以前保持一样强烈，当然这"一段时间"不能太长。如果在三天内只有铃声没有食物或只有食物没有铃声，那么原来存在于铃声和食物间的联系将减弱。

（二）教育启示

1. 耐心对待新生儿，帮助他们借助条件反射塑造行为

经典条件反射是儿童一种重要的学习方式。在经典条件反射中，一个中性刺激（条件刺激）最初对儿童没有任何影响，但它与另一刺激（无条件刺激）的联系致使其最终能够引发那些原本只有无条件刺激才能引发的特定反应（条件反应）。从中我们可以得到以下一些启示。刚出生几周的新生儿的经典条件反射有很大的局限性，条件作用只可能在那些关系到生存的生理反射上发生作用，如吮吸。另外，在经典条件反射训练过程中，由于新生儿的信息加工速度非常慢，需要更长的时间才能在条件刺激与无条件刺激之间建立关系。尽管受早期信息加工速度的限制，但经典条件反射确实是新生儿的学习方式之一，他们借此来标识在中性环境中哪些事情是同时发生的，并且可以学到很多重要知识，如奶瓶和乳房能提供乳汁，或者知道一些人（主要是抚养者）能给自己温暖和抚慰。

2. 通过刺激强化帮助幼儿建立良好的行为习惯

教养者可以运用经典条件反射帮助幼儿建立良好的行为习惯，适当建立中性刺激（教师或家长所鼓励的行为）与无条件刺激（幼儿能够产生正面反应的行为）之间的联系。同时，教养者要对幼儿的良好行为及时进行强化巩固，如在幼儿做出良好行为之后及时给予奖励。教养者在给予刺激时要注意，刺激要具

有针对性，无论是惩罚还是奖励都要指向儿童具体的行为，这样才能更好地帮助幼儿建立良好行为。最后，在给幼儿奖励或惩罚时要注意这些刺激出现的时机。正如实验中所体现的那样，中性刺激出现在无条件刺激之后，就不会形成条件反射。可能先给予奖励，再倡导行为的效果不如先倡导行为，给予奖励保证，在实现行为之后给予保证的奖励更有效。因此，要注意给予幼儿奖励的时机，使幼儿良好行为得到更有效的强化。

二、操作性条件反射实验

（一）实验介绍

操作性条件反射是美国新行为主义代表人物伯尔赫斯·弗雷德里克·斯金纳（Burrhus Frederic Skinner）学习理论的核心概念。1928年6月，斯金纳用别人赠送的实验用白鼠在斯金纳箱中开展一系列实验，这个实验持续了3年。[①]斯金纳认为行为可以分成两类：一类是由已知刺激引起的应答性行为，如学生听到上课铃声后就迅速坐好等待教师上课；另一类是有机体主动发出的操作性行为，在此之前并没有明显的刺激物出现。斯金纳认为后者是人类的主要行为。

1. 实验设计

（1）实验对象

老鼠或鸽子等。

（2）实验准备

斯金纳箱是用木头做的，还有工厂里的废弃电线、金属片等，里面的构造可以尽量排除外界的干扰。如果把一只白鼠或鸽子放进箱子里的话，它们能在箱内自由活动。箱子里有一个杠杆，如果动物碰到这个杠杆，就会有食物掉进箱子下方的盘中，动物就能吃到食物。箱子以压缩空气为运转动力，由各式零件齿轮组成机械装置，可依实验者设定，释放出特定的东西，如图6-1所示。

（3）实验程序

如果以老鼠为被试，斯金纳箱的开关是一小根杠杆或一块木板；如果以鸽子为被试，斯金纳箱的开关就是一个键盘。开关连着箱外的记录系统，当动物按压开关时就可以用线条精确地记录下动物触动开关的次数与时间。里面有食物分发器，实验者可以精确地控制食物的呈现方式。将饥饿的白鼠放入箱内，

---

① Skinner, B. F., "'Superstition' in the Pigeon," *Journal of Experimental Psychology*, 1948, 38(2), pp. 168-172.

精确控制食物的呈现方式，记录实验动物按压开关的次数与时间。

图 6-1　斯金纳箱

资料来源：彭聃龄. 普通心理学，北京师范大学出版社，2012：545。

2. 实验结果

（1）实验结果测评标准

观察进入斯金纳箱的白鼠是否会做出按压杠杆的动作。

（2）实验结果报告

观察发现，刚进入斯金纳箱的白鼠开始有点胆怯。经过反复探索，白鼠迟早会做出按压杠杆的动作。只要箱内的白鼠按压杠杆，就有一粒食丸滚入食物盘。若干次后，饿鼠就形成按压杠杆取得食物的条件反射，斯金纳称此为操作性条件反射。

操作性条件反射是一种由刺激引发的行为改变。它与经典条件反射的不同之处在于，在操作性条件反射形成的过程中，人或动物必须找到一个适宜的反应，并且这个习得的反应可以带来某种结果（如按压杠杆可以得到食物），经典条件反射中并没有这样的效果（如唾液的分泌不会导致食物的出现）。

基于实验研究，斯金纳认为个体做出的反应与随后的刺激之间的关系对行为起着控制作用，会影响以后行为发生的概率。斯金纳把反应之后出现的、能增加反应概率的手段或措施称为强化。斯金纳细致地研究了强化的程序，特别是固定间隔强化、非固定间隔强化、固定时间比率强化和非固定比率强化对反应习得、反应速度和反应消退的不同影响，形成了强化原理。

一开始只要白鼠按压杠杆就可得到食物。后来斯金纳改变固定比例（fixed-ratio）的奖赏。白鼠若要获得奖赏，必须按压杠杆 3 次、5 次或是 20 次。

在奖赏移除的实验中，斯金纳移除所有的强化物，发现如果停止给白鼠提供食物，白鼠会逐渐不再按压杠杆，最后就算听到喷管有东西沙沙作响，它也无动于衷。斯金纳为了探索白鼠在固定比例奖赏情境下学会新反应需要多长时间，以及奖赏突然移除后经过多长时间才会停止某种反应，在箱子上设置记录器，精确测量在不同情境条件下的频率变化，并绘制图表，获得具体数据。

在非固定间隔强化（variable schedules of reinforcement）实验中，斯金纳改变按压杠杆获得食物奖励的比例，多数时候白鼠空手而回，但也许在按压杠杆第 40 或 60 次，突然获得食物奖励。一般人认为，随机且间隔如此长的奖赏，会使白鼠对奖赏不抱希望，致使按压杠杆行为消失。事实却并非如此。斯金纳发现，间歇给予食物奖赏的方式，反而让白鼠像染上毒瘾一样，不断按压杠杆，不论能否得到奖赏。

斯金纳对固定比例（如按压杠杆 4 次就给予食物）与非固定间隔强化进行对比后发现，在奖赏间隔不规则的情境下，消除既有行为需要的时间最长。

（二）教育启示

1. 及时强化幼儿的良好行为

幼儿容易受到操作性条件反射的影响。因此，家长和教师在面对幼儿的时候，应当意识到幼儿的很多行为都是可以被塑造的。生理的特质带来的无条件刺激如果得到较好的运用会帮助家长和教师塑造幼儿的行为。家长和教师要对幼儿的良好行为及时做出回应，强化、鼓励幼儿的积极行为。学习是一个复杂的过程，不能一蹴而就，家长和教师应该给予鼓励与肯定，防止良好行为的消退。此外强化要以分步骤、分阶段的方式进行，循序渐进。家长和教师要帮助幼儿将较复杂的大目标分解为每个小目标，并及时给予强化，保障整个教育活动的有效性。

2. 减少对幼儿不良行为的强化

家长和教师可以通过减弱强化行为，来纠正和改变幼儿的不良行为。在特定情况下，家长和教师可以缄默地处理幼儿的不良行为，避免不断重复强化幼儿的不良行为。比如，幼儿偶尔会口吃（非生理上的缺陷），家长听到后模仿幼儿的口吃行为或者重复幼儿口吃说的话，其实是对其不当行为的强化。这反而会使幼儿更容易口吃。不如选择沉默应对，或者陪着幼儿重复一遍正常情况下的对话。

3. 控制强化的时间间隔

操作性条件反射实验说明，不固定强化对巩固反射有更好的效果，但是固定间隔的强化和不固定间隔的强化，对塑造行为都各有弊端和益处。因此，在实际教育活动中，家长和教师可以把固定的奖励和不固定的奖励结合起来，这样幼儿不容易因为已经知道固定的奖励而产生倦怠感，从而削弱先前强化的效果。

三、双生子爬梯实验

（一）实验介绍

格塞尔（A. Gesell）是美国儿童心理学家，以研究儿童的行为发展闻名于世。格塞尔认为儿童的发展是生物成熟的自然结果，是一个基因决定和指导下的自然展开过程。在他看来，人的行为发展主要是由在其内部基因指导下的成熟力量决定的，环境因素只能起到支持与调节的作用，而不能决定发展的过程。[①] 在 1929 年之前，格塞尔的成熟说更多的是一种理论假设。而在 1929 年，这种假设被他和同事汤普生（H. Thompson）博士进行的双生子爬梯实验证实。

1. 实验设计

（1）实验对象

一对 48 周大的同卵双生女婴 T 和 C。

（2）实验准备

专门为实验设计的五级楼梯和秒表。

（3）实验程序

实验始于这对同卵双生女婴出生的第 47 周。一开始，她们不具备爬楼梯的能力，连一级楼梯都爬不上去。研究者从中随机选择一名女婴作为训练双生子（the trained twin，T），让她进行每天 10 分钟的爬楼梯练习；另一名女婴成为控制双生子（the control twin，C），没有接受任何与爬楼梯相关的训练。

实验连续进行 6 周。此时，T 已经能够用 25 秒的时间顺利爬上楼梯，而 C 在有人扶着的情况下也不愿意尝试，连楼梯都不愿碰一下。

到女婴满 53 周时，研究者再次将 C 放置在楼梯附近，她没有经过任何训练，却能在没有任何协助的情况下一直爬到楼梯顶端。

从第 54 周开始，研究者让 C 也接受连续两周的爬楼梯训练。随后，通过录像对 T 满 52 周时的爬楼梯情况和 C 满 55 周时爬楼梯情况进行对比分析。

2. 实验结果

（1）实验结果测评标准

观察双生子 T 和 C 爬楼梯的能力。

---

① 边玉芳：《"循序渐进"与"拔苗助长"——格塞尔的双生子爬楼梯实验》，载《中小学心理健康教育》，2015(11)。

（2）实验结果报告

结果发现，55周时，双生子T和C爬楼梯的成绩是一样的，这表明成熟前的训练起不到多大的作用。格塞尔原来认为这只是偶然现象，于是换了另一对双生子，结果类似；又换了一对，仍然如此。如此反复地做了上百个对比实验，最终得出的结果都是相同的，即婴儿在52周左右，学习爬楼梯的效果最佳，能够用最短的时间达到最佳的训练效果。

此后几年，格塞尔又对其他年龄段的孩子在其他学习领域进行实验，比如，识字、穿衣、使用刀叉，甚至将实验领域扩展到成人的学习过程，都得出了类似的结论，即任何一项训练或教育内容针对某个特定的受训对象，都存在一个"最佳教育期"。

（二）教育启示

1. 教育要遵循婴幼儿的实际水平

教育要尊重婴幼儿的实际水平。在婴幼儿尚未成熟之前，家长与教师要耐心地等待，不要违背婴幼儿发展的自然规律，不要违背婴幼儿发展的内在时间表，人为地通过训练加速婴幼儿的发展。首先，教育应循序渐进，不可揠苗助长。在婴幼儿教育中必须考虑到成熟因素的影响，要按照婴幼儿身心发展的顺序，循序渐进地进行教育，以免"事倍功半"。在考虑幼儿园的教育内容时，必须了解幼儿的身心发展状况与水平，不能超越幼儿身心发展的可能性。其次，教育要适时。格塞尔的研究表明，当儿童的发展为某一种学习做好一定准备的时候去进行这种学习效果最好，这就启发我们教育应当适时，要了解幼儿的发展状况，抓住教育的有利时机，去安排适当的学习内容与学习环境，因势利导地促进幼儿的学习与发展，使教育效果事半功倍。最后，教育还要适应幼儿的个别差异。由于遗传、环境与经验的影响，发展是有个别差异的。因此，教育者要考虑幼儿发展的个别差异，根据每个幼儿的发展状况（包括成熟、兴趣、爱好等）采取适宜的教育措施。

2. 家长要遏制"跨越式发展"

在现实中，有的父母往往不尊重孩子发展的内在规律，希望人为地通过训练来加速孩子的发展。婴幼儿一般在3个月时会俯卧，能用手臂撑住抬头，在4～6个月时会翻身，在7～8个月时会坐、会爬，在1岁左右才会站立或独立行走。心急的父母则通过"学步车"等，让孩子越过"爬"的阶段，或者很少让孩子爬，就直接学走路。这种"跨越式的发展"，虽然有可能让婴幼儿早早地学会走路，但过早走路，容易把他们的双腿压弯，影响形体，导致扁平足，还容易使他们日后走路步伐不稳。

3. 避免过度教育

生活中，很多家长和教师时时处处把孩子当成自己的教育对象，不分时间、不分场合不断地施以各种教育，知识的、道德的、礼貌的、性格的、社会的，等等。这种过度教育动机是好的，但即使教育的内容是正确的，效果也往往很差。这是因为过度教育剥夺了孩子的时间自由和心灵自由。过度教育等于给孩子套上了精神枷锁，对发展孩子的个性，培养其独立性、创新意识以及成就动机都是不利的。孩子需要的是有趣的知识和生动活泼的领悟式教育，否则他们不但会厌倦说教的内容，甚至会讨厌说教者。在教育过程中，家长和教师要给予孩子充分的耐心，给予孩子自由发展的时间和空间。

四、印刻实验

(一)实验介绍

继巴甫洛夫提出经典条件反射学说，开创了动物行为研究的新局面之后，奥地利动物学家洛伦茨(K. Z. Lorenz)长期观察研究动物行为，发现了动物中的"依恋"和"印刻"现象。这是对动物行为研究的又一个重大突破。亦如经典条件反射学说给心理学带来了深远的影响，依恋、印刻现象也引起了心理学界广泛的重视。1972年赫斯(E. H. Hess)通过一个专门的装置对洛伦茨提出的幼鸭的印刻现象进行了实验验证。[①]

1. 实验设计

(1)实验对象

母鸭和在孵化中的小鸭。

(2)实验准备

专门设计的实验装置，母鸭模型，如图6-2所示。

(3)实验程序

使用一个专门设计的装置研究幼鸭的印刻。这个装置的主要部分是，刺激物在内侧缓缓移动，雏鸭可在外侧轨道上追踪刺激物[通道直径为5英尺(约1.5米)，通道宽12英寸(约30厘米)]。刺激物是母鸭的模型，从麦克风里发出母鸭的叫声。当模型母鸭绕回廊运动时，同时发出嘎嘎声，一只刚出壳的雏鸭被置于回廊的夹层，位于模型母鸭之后(可以与模型母鸭隔着

---

① Hess，E.，"'Imprinting' in a Natural Laboratory,"*Scientific American*，1972，227(2)，pp. 24-31.

透明塑料圆箍相望）。当模型母鸭向前移动时，雏鸭会尾追，印刻使雏鸭在模型母鸭与真的母鸭之间做出选择。

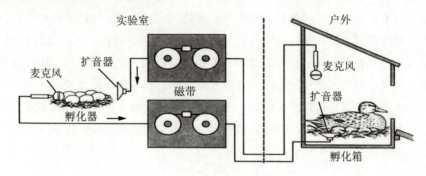

图 6-2　实验装置
资料来源：Hess，1972。

2. 实验结果

（1）实验结果测评标准

雏鸭是否能正确分辨模型母鸭与真的母鸭。

（2）实验结果报告

实验发现，越是加大模型母鸭与雏鸭间的距离，印刻就越强烈。距离 15 米时，印刻强度的增量达到最大值。实验也证实，印刻只能在幼雏出世后一定的时间和距离内产生，并且也有最大值问题。幼雏刚出世不久或过久都不会发生印刻。就雏鸭而论，在出壳后的 13～16 小时，尾随某个运动物体的印刻现象可以达到最大值。

（二）教育启示

1. 关注婴幼儿发展的关键期

印刻有一个最易形成的关键时期。例如，小鸡的"母亲印刻"在出壳后的 10～16 小时内最易形成。有趣的是，如果在这一时间内母鸡离开了，小鸡则会对其他首先与它会面的动物，甚至母鸡模型、风船、小球和人产生"母亲印刻"。鸟类总是把最先同它会面的人或活动的物体认作母亲。在学前教育阶段，关键期理论应用得十分广泛，并且关键期不仅在印刻行为起作用，在婴幼儿的言语发展、动作发展等方面都有特定的关键期。家长和教师平时要注意观察婴幼儿，从他们表现的行为及相关研究结论中了解婴幼儿当前所处的关键期，并采取适合其当前发展需要的教育。

2. 抓住婴幼儿发展的关键期

印刻的后果是无法补偿、不可逆转的。那些对人和其他动物发生了"母亲印刻"的小鸡、小鸭，即使重新把它放回伙伴中间，它也永远学不会追随母禽了。这表明婴幼儿发展的关键期是不可逆的，婴幼儿在特定的关键期内的发展迅速而富有潜能，此时采取恰当的教育措施事半功倍。但是若错过此关键期，则很难在此方面有很好的发展。例如，在语言发展的关键期，人类大脑中掌管语言学习的区域叫布洛卡区，4～12岁是这个区域的灵敏期，此时被存储的语言会被大脑认为是母语，也就是说孩子能很快掌握并灵活运用。12岁之后，绝大部分人的布洛卡区会关闭，此时再学语言，大脑会将这些语言存储在记忆区，运用时就不再那么灵活自如了。因此，在平时的生活中，家长和教师要有意识地给幼儿提供丰富的语言和文字刺激，多给幼儿阅读故事书，平时在生活中看到汉字也可以提醒幼儿注意。

五、饿猫迷箱实验

（一）实验介绍

爱德华·李·桑代克（Edward Lee Thorndlike）较早使用实验方法研究动物心理，用以替代对动物的自然观察，为动物心理的研究开辟了新的道路。桑代克于19世纪末就开始进行大量的动物学习的实验研究，其中最著名的实验是饿猫学习如何逃出迷箱获得食物的实验。他在此基础上提出了"试误说"及学习律。[①]

1. 实验设计

（1）实验对象

出于实验伦理的要求，桑代克选取动物作为实验对象。桑代克在迷箱实验中选取猫作为被试。

（2）实验准备

桑代克为猫设计了多种迷箱，要求猫用不同的操作来解决问题。在最简单的迷箱中，猫仅仅拉一拉环就能把门打开并得到鱼作为奖赏。在较为复杂的迷箱里，猫要用三个分离的动作才能把门打开——先按压带有铰链的台板或根据其他外露线索把两个门都提起来，再把门外的板条之一转到垂直角度，如图6-3所示。

（3）实验程序

将饥饿的猫关入迷箱中，迷箱外面放着猫爱吃的食物。饿猫可以用抓绳或

① Thorndike，E. L.，"Animal Intelligence：An Experimental Study of the Associate Processes in Animals，" *American Psychologist*，1998，53(10)，pp. 1125-1127.

按钮等方式逃出迷箱获得食物。饥饿的猫第一次被关进迷箱时，开始乱撞乱叫，东抓西咬，经过一段时间，它可能做对了打开迷箱门的动作，逃出迷箱。在猫逃出迷箱后，给猫一些食物。桑代克重新将猫再关入迷箱内。经过上述多次实验，记录每次猫逃出迷箱的时间。

图6-3 桑代克迷箱
资料来源：Thorndike，E.L.，1913。

2. 实验结果

（1）实验结果测评标准

猫每次逃出迷箱的时间。

（2）实验结果报告

桑代克第一次将猫放入迷箱时，猫会拼命挣扎，或咬或抓，试图逃出迷箱。在这些努力和尝试中，它可能无意中一下子抓到门闩或踩到台板或触及横条，结果使门打开，于是逃出箱吃到了食物。研究者记下猫逃出迷箱所需时间后，再次把猫放回迷箱，让猫进行下一轮尝试。

猫仍然会经过乱抓乱咬的过程，不过所需时间可能会少一些。经过多次连续尝试，猫逃出迷箱所需的时间越来越少，无效动作逐渐被排除，以至于到了最后，猫一进迷箱，即去按动台板，跑出迷箱，获得食物。将猫每次逃出迷箱所需的时间记录下来，发现随着尝试次数的增加，猫逃离迷箱所需的时间逐渐减少。经过多次重复实验，桑代克得出猫的学习曲线。该曲线表明，猫逃出迷箱潜伏期与实验次数的关系。桑代克认为猫是在进行"尝试错误"的学习，经过多次的尝试错误，饿猫学会了打开笼门的动作。

基于这些实验，桑代克提出了著名的"试误说"及准备律、练习律、效果律等学习律。桑代克把猫在迷箱中不断地尝试、不断地排除错误最终学会开门取食的过程称为尝试—错误学习，认为学习的实质就在于形成刺激（S）—反应（R）联结。

准备律指的是学习者在学习时的预备定势。如果有所准备并按其准备进行活动，学习者就会产生满足感；如果有准备而没有按其准备做，学习者就会感到烦恼；如果没有准备而强制其进行活动，就会产生厌恶感。练习律则认为在奖励情况下，不断重复一个学会的反应会增加刺激和反应之间的联结。效果律指在对同一情境所做的若干反应中，在其他条件相同的情况下，那些对学习者伴有满足的反应或紧跟着满足的反应牢固地与这种情境相联结。例如，猫在迷箱中会做出多种行为反应，但大多数反应都不能帮助它逃出迷箱，只有极少数行为可以使它逃脱并得到食物。因此，猫就记住了这些有效的行为，将迷箱这个刺激和这些有效的行为联系起来了，直到最后一进迷箱就知道应该做什么动作了。

（二）教育启示

1. 为幼儿提供有准备的活动

根据准备律，作为学习者的幼儿对已经准备过的学习内容或教育活动接受度更好、满足度更高，而易对打乱其准备重新开始的活动产生不满。无论是家长还是教师都应当能够意识到这点，如果不能做到按照准备进行，就应当和幼儿进行良好沟通，让他做好接受另一新活动的准备，或者是帮助他做好接受另一新活动的准备，而不是突兀地开始新活动。同样，活动之间的过渡环节也有一定的作用。

2. 对幼儿的正确行为及时进行反馈

根据效果律，幼儿在有奖励的情况下不断重复一个学会的反应，学习效果会更好。当幼儿通过学习掌握正确行为的时候，教养者应及时给予奖励，来巩固刺激与反应之间的联结。这点可普遍应用于指导幼儿一日生活常规，比如穿衣、吃饭等行为的学习和良好习惯的养成。当然，奖励的时间和内容都应得到合理控制，要掌握好给予奖励的时间和奖励的内容。

3. 为幼儿提供充足的实践机会

桑代克的实验说明猫在一次次的试误中掌握了开箱的技能。在生活和教育中，教养者也要给幼儿提供尽可能多的尝试的机会，让幼儿通过亲身的经历去掌握其中的知识和技能。教养者要鼓励幼儿勇于尝试新事物，放手让幼儿尝试。同时，教养者要注意在幼儿出现错误或失败时，及时给予幼儿鼓励和引导，积极为幼儿的下一次尝试打气。

六、遗传和环境影响实验

（一）实验介绍

遗传和环境相互作用，共同影响着个体人格的形成和发展，这一点已被大多数人所认同。但是，对于遗传和环境，究竟哪个因素对人格的发展影响更大呢？托马斯·鲍查德（Thomas Bouchard）、戴维·莱肯（David Lykken）及其助手在 1979 年设计了一项实验，试图通过一种科学的方法将人的行为和人格中的遗传影响与环境影响加以分离，来检验基因在决定个人心理品质中所起作用的大小。[①]

1. 实验设计

（1）实验对象

鲍查德和莱肯从 1983 年开始找到了 56 对在不同环境下成长的同卵双胞胎，他们来自美国的 8 个城市，同意参加为期一周的心理测验和生理测量。研究者将这些双胞胎与那些共同成长的同卵双胞胎进行比较。

（2）实验准备

四种人格特质量表，三种能力倾向、职业兴趣问卷和智力测验；双胞胎生长环境测量问卷；生理测量访谈。

（3）实验程序

研究者在双胞胎参与实验的一周内请双胞胎报告更多的个人信息，邀请其进行心理测试。心理测试内容主要包括：四种人格特质量表，三种能力倾向、职业兴趣问卷和智力测验。对双胞胎生长环境相似性的测量主要是通过被试填写的家用物品清单（如家用电器、望远镜、艺术品等）。生理测量主要包括针对个人生活史、精神病学以及性生活史的三次访谈。

在实验中注意每次测试的内容都是分开独立完成的，以免一对双胞胎间存在不经意的相互影响。

2. 实验结果

（1）实验结果测评标准

鲍查德和莱肯的研究采用这样一个逻辑假设：如果个体的差异是由环境影响的，那么共同养育在相同环境下成长起来的同卵双胞胎与分开养育的同卵双胞胎相比，他们的个体特征应该更加相似。

（2）实验结果报告

由表 6-2 的数据结果可知，分开养育的同卵双胞胎和共同养育的同卵双胞胎在每种特征上的相关系数非常相似，其比值为 0.7～1.21。

① Bouchard Jr., T. J., Lykken, D. T., McGue, M., et al., "Sources of Human Psychological Differences: the Minnesota Study of Twins Reared Apart", *Science*, 1990, 250(4978), pp. 223-228.

表 6-2　分开养育的同卵双胞胎与共同养育的同卵双胞胎的相关系数

测试内容	特征	分开养育的相关系数	共同养育的相关系数	相似性*
生理	脑电波活动	0.80	0.81	0.987
	血压	0.64	0.70	0.914
	心率	0.49	0.54	0.907
智力	韦氏成人智力量表	0.69	0.88	0.784
	瑞文智力测验	0.78	0.76	1.030
人格	多维人格问卷（MPQ）	0.50	0.49	1.020
	加利福尼亚人格问卷	0.48	0.49	0.979
心理兴趣	史特朗—康久尔兴趣问卷	0.39	0.48	0.813
	明尼苏达职业兴趣量表	0.40	0.49	0.816
社会态度	宗教信仰	0.49	0.51	0.961
	无宗教信仰社会态度	0.34	0.28	1.210

＊越接近1意味着两组双胞胎的相关系数越相似。

资料来源：Roger R. Hock. 改变心理学的40项研究. 白学军，等，译. 北京：中国人民大学出版社，2015：28。

数据显示，对于相当数量的人而言，大多数差异似乎是由遗传因素引起的。表中的数据从两个重要方面证明了这一结果。第一个是具有相同的遗传特质的人（同卵双胞胎），即使分开养育并生活条件不同，他们长大之后不仅在外表上极为相似，并且基本心理和人格特征也惊人地相似。第二个是在相同条件下养育的同卵双胞胎，环境对他们的影响似乎很小。

鲍查德和莱肯为他们的实验结论提供了三种解释。第一，智力主要是由遗传因素决定的（智力变化中的 70％ 可以归因于遗传的影响），但仍有 30％ 可归因于环境的影响，如教育、家庭条件、有毒物质和社会经济地位等。第二，根据人的特性受遗传和环境综合影响的基本假设可以得出，当环境因素影响较小时，其差异更多地来自遗传；反之亦然。对于某些特性而言，如果环境因素影响较大，则遗传的影响就较小。第三，人的遗传倾向塑造着周围的环境，如情感丰富的孩子从父母那里得到更多情感回馈。

（二）教育启示

1. 尊重婴幼儿的天赋，因材施教

鲍查德和莱肯的实验也受到了很多批评，有些研究者认为，很多报告表明鲍查德和莱肯没能考虑到的一些环境因素对双胞胎确实有重大影响。但无论如何，他们的实验在一定程度上证明了基因对个体发展的重要性。基因更多地决

177

定了婴幼儿的生理、智力和人格。因此，教养者应该尊重婴幼儿的天赋，根据婴幼儿的不同特点，扬长避短地进行教育。例如，对于运动机能发达的婴幼儿，可以引导其在身体运动和体育运动中更多地发挥；对于音乐细胞发达的婴幼儿，可以引导其在音乐方面更多地发挥。

2. 充分发挥婴幼儿发展的主体性

虽然环境和教育是形成性格的决定条件，但这些只是外部条件，不能机械地断定它们会完全决定个体的发展。在实验中，鲍查德也强调了个体对环境的影响。因为从婴幼儿开始，人就是积极能动的、具有自主意识的主体。环境作为外因必须通过主体的内因起作用，环境和教育更多是对婴幼儿发展的辅助作用。因此，在日常生活和教育活动中，教养者应该注重发挥婴幼儿自身的自主性，给予婴幼儿自我探索的机会，尊重婴幼儿的个体意愿，提升婴幼儿发展的内部动力。

七、环境对大脑发展的影响实验

(一)实验介绍

某种经历是否会引起大脑形态的变化，这是几个世纪以来哲学家和科学家一直在研究的问题。虽然一些早期的研究成果支持这种联系，但后来的研究成果则认为这并不是一种测量大脑发展的有效尺度。直到20世纪60年代，新技术的发展使科学家具备更精确地检测大脑变化的能力，他们得以运用高倍技术，并对大脑内各种酶和神经递质水平进行评估。在加利福尼亚大学，马克·罗兹维格(Mark Rosenzweig)、爱德华·本奈特(Edward Bennett)、玛丽安·戴蒙德(Marian Diamond)采用这些技术，历时十余年，进行了由16项实验组成的系列研究，力图揭示经验对大脑的影响。[1]

1. 实验设计

(1)实验对象

12组老鼠，每一组由3只同胎雄鼠组成。

(2)实验准备

专门为实验而设计的不同环境的笼子。

(3)实验程序

3只同胎雄鼠被随机分配到3种不同的实验条件中。第一只老鼠仍旧与其他同伴待在实验室的笼子里，第二只被分配到"丰富环境"的笼子里，第三只被

---

① 边玉芳等：《儿童心理学》，31～33页，杭州，浙江教育出版社，2009。

分配到"贫乏环境"的笼子里。在 16 次实验中,每次都有 12 只老鼠被安排在每一种实验条件中。

在标准的实验室笼子中,老鼠生活在足够大的空间里,笼子里总有适量的水和食物。"贫乏环境"是一个略小的笼子,老鼠被放置在单独隔离的空间里,笼子里总有适量的水和食物。"丰富环境"几乎是一个老鼠的迪士尼乐园,6~8 只老鼠生活在一个带有各种可供玩耍的物品的大笼子里,每天从 25 种新玩具中选取一种放在笼子里。

实验者让老鼠在这些不同环境里生活 4~10 周。经过这样不同阶段的实验处理,老鼠会被安乐死。实验人员会通过对它们的解剖来确定其脑部是否有不同的发展。为了避免实验者偏见的影响,解剖按照编号的随机顺序进行,这就可以避免尸检人员知道老鼠是在哪种环境下成长的。研究者关注的是生活在"丰富环境"下的老鼠与生活在"贫乏环境"下的老鼠的大脑是否有差异。

解剖老鼠的大脑后,对各个部分进行测量、称重和分析,以确定细胞生长的总和与神经递质活动的水平。在对后者的测量中,乙酰胆碱酯酶引起了研究者特别的兴趣。这种化学物质十分重要,能使神经冲动传递得更快、更高效。

2. 实验结果

(1)实验结果测评标准

测量不同生活环境中老鼠的大脑发育情况。

(2)实验结果报告

结果证实,对于在"丰富环境"中生活的老鼠和在"贫乏环境"中生活的老鼠,它们的大脑在很多方面都有区别。在"丰富环境"中生活的老鼠的大脑皮层更重、更厚,并且这种差别具有显著意义。皮层是大脑对经验做出反应的部分,负责行动、记忆、学习和所有感觉的输入(如视觉、听觉、味觉、嗅觉)。在身处"丰富环境"的老鼠的大脑组织中,乙酰胆碱酯酶更具活性。

两组老鼠的脑细胞(又称神经元)在数量上并没有显著性差别,但丰富的环境使老鼠的大脑神经元更大。与此相关,研究还发现 RNA 和 DNA——这两种对神经元生长起最重要作用的化学成分,其比率对于在"丰富环境"中的老鼠来说,也相对更高。这意味着"丰富环境"里的老鼠的大脑中有更高水平的化学反应。罗兹维格和他的同事解释说:"虽然由环境引起大脑变化并不很大,但我们确信这种变化是千真万确的。在重复实验的时候,上述结果仍能出现……我们发现,经验对大脑最一致的影响表现在大脑皮层与大脑的其余部分——皮层下部的重量之比上。具体表现为,经验使大脑皮层迅速地增重,但大脑其他部分变化很小。"这种对大脑皮层与大脑其余部分比率的测量是对大脑变化的精确测量。脑重量会随着个体体重的变化而变化。运用这个比率，可以消除个体的差异。只有一次实验结果的差异在统计上不显著。

最后，是有关两组老鼠大脑的神经突触的发现。大部分大脑活动发生在神经突触上，在这里，神经冲动有可能通过一个又一个神经元继续传递下去，也有可能被抑制或终止。在高倍电子显微镜下，研究者能发现"丰富环境"中的老鼠的神经突触比"贫乏环境"中的老鼠的神经突触大 50％。

（二）教育启示

1. 重视环境创设在幼儿教育中的价值

经验会影响大脑的结构与功能，环境刺激的数量以及质量在幼儿身心发展过程中起着重要的作用。因此，大脑的生长发育不仅需要充足的营养物质，更需要高质量的精神食粮。教养者应为幼儿提供丰富多样的、适度的环境刺激，使幼儿能有机会与外界环境发生充分的互动，获得对周围世界更全面的认识。教师在环境创设中也应考虑其中的教育意义，通过教室环境直接或间接地引导幼儿接受暗示和引导，达到教师的教育目的。教养者应该尊重幼儿的人格与需要，积极与幼儿交往，为幼儿营造良好的心理氛围。

2. 创设自由、平等的精神环境

环境不仅包括物质环境，还应包括心理环境。这主要体现在人际关系方面。人际关系，尤其是亲子关系、师幼关系的性质直接影响着幼儿身心的健康发展。教养者应该尊重幼儿的人格与需要，积极与幼儿交往，为幼儿营造良好的心理氛围。教养者应该尊重幼儿，允许幼儿自主选择玩具，参与环境的创设，让幼儿在丰富的环境中自由地游戏。

八、父母教养方式实验

（一）实验介绍

父母教养方式是父母的教养观念、教养行为及其对儿童的情感表现的一种组合方式。这种组合方式是相对稳定的，不随情境的改变而变化，反映了亲子交往的实质。[①] 从弗洛伊德开始，就有心理学家注意到了不同养育方式对儿童的影响。弗洛伊德对父母的角色进行了简单的划分，认为父亲主要负责提供规则和纪律，而母亲负责为孩子提供爱和温暖。许多心理学家对弗洛伊德的观点进行了

---

① 张文新：《儿童社会性发展》，98 页，北京，北京师范大学出版社，1999。

进一步的拓展，其中最为大众所熟知的可能就是鲍姆令德（D. Baumrind）。[1] 鲍姆令德开创了父母教养模式分类的纵向实验研究，通过长达十年的追踪研究而对科学的父母教养方式进行了分类。

1. 实验设计

（1）实验对象

在伯克利及周围地区为正常幼儿开设的幼儿园中的幼儿。在 246 个家庭中挑选出同意进行至少为期三年九个月观察的家庭，坚持到最后的有 60 名女孩和 74 名男孩，以及他们的父母。

（2）实验准备

儿童个性测量工具、父母教养类型评定工具。

（3）实验程序

实验分为三次。第一次实验，通过观察法将学前儿童按个性（独立性、自信、探究、自我控制、交往等方面）成熟水平分成最成熟的、中等成熟的和最不成熟的三个组。然后，对这三个组幼儿父母的教养水平从控制、成熟的要求、父母与孩子的交往、教养四个方面，通过家访进行观察评定。

在第二、第三次实验研究时采用与第一次实验相反的研究程序。根据研究者设计的父母教养方式可能的十五个方面，对他们的具体表现设计了 75 个题项。观察员依据研究工具评定家庭教养方式。根据在四个方面不同的类型，鲍姆令德将家长教养方式分为三种类型：权威型、专制型和溺爱型。随后，他对三种不同教养类型父母的幼儿做个性评定，等这些幼儿长到 9 岁时再做一次个性评定。

2. 实验结果

（1）实验结果测评标准

幼儿父母的教养水平在控制、成熟的要求、父母与孩子的交往、教养四个方面的评分。

（2）实验结果报告

实验一的测评结果是最成熟组幼儿的父母教养水平最高，依次往下，最不成熟组幼儿父母得分最低。鲍姆令德将这三组幼儿的父母分为权威型、专制型和溺爱型。

权威型父母的教养特点是适度的顺从和适度的回应。权威型父母是坚定的，但不是严格的。当情况需要时，父母愿意破例。权威型父母对孩子的需要

① Baumrind, D., "Current Patterns of Parental Authority," *Developmental Psychology Monograph*, 1971(4), pp. 1-103.

做出回应，但是不会过于放纵孩子。

专制型父母的特点是高要求和低回应。专制型父母大多是严格的、激进的、苛刻的。虐待孩子的家长大多属于这一类，但并不是所有专制型父母都会虐待孩子。

溺爱型父母的特点是低要求和高回应。这类父母总是过度回应孩子的需要，对规定很难坚持。孩子被宠坏的父母通常是这种类型。

从实验二、实验三的结果可以发现，权威型父母的孩子在认知能力和社会能力发展方面都胜过其他两组的孩子；专制型父母的孩子发展平平；溺爱型父母的女孩在认知和社会能力方面的得分低于平均值，男孩的认知能力则特别低。

（二）教育启示

1. 给予婴幼儿适度的回应，防止溺爱或专制

从鲍姆令德的父母教养方式实验结果来看，专制型教养方式容易导致孩子缺乏独立思考的能力，做事优柔寡断，心理上产生抑郁和焦虑，缺乏学习的灵活性；溺爱型教养方式会使孩子缺乏创新能力，影响其创造性思维和个性的发展；在权威型教养方式下，孩子思维活跃，富有想象力，自控能力强，做事有主见。因此，父母可以坚持权威型教养方式，避免过度专制或溺爱。在养育婴幼儿的过程中，父母应该及时回应孩子的需求，但也不要无原则地满足他们的所有要求，以免权威变成溺爱。此外，父母还应该对孩子有所要求，帮助孩子养成良好的习惯与品德，但应灵活，不可过于严格，以免权威变成专制。家长应学会合理地表达自己的情感，掌握爱和严的分寸。

2. 通过多种方式进行科学教养

为了提高家庭教养能力，真正促进婴幼儿身心健康发展，父母可以通过多种方式进行科学教养。一方面，父母可以自评现有的教养方式，明晰当前教养方式的优点与不足，为后续调整奠定基础。另一方面，父母可以主动学习，逐步形成科学的教养方式，避免过度专制或溺爱。具体而言，父母可以通过专家讲座、书籍、线上资源进行学习，积极主动了解育儿知识与育儿技巧，学会适宜回应婴幼儿需求，以高质量的养育促进婴幼儿发展。

九、罗森塔尔效应实验

（一）实验介绍

如果预期某一事物将以某种方式发生，那么人们的期望就会通过潜意识倾向于让它变成现实。心理学家对这一现象进行了验证。1963年，罗伯特·罗森塔尔(Robert Rosenthel)利用学生和实验鼠证明了实验者对科学研究会产生影响。1968 年，罗森塔尔用心理学实验来探究现实情境中教师对学生的期望和学生学业成绩提升之间的关系。[①]

1. 实验设计

（1）实验对象

橡树学校一至六年级所有学生和教师。在橡树学校，总共有 6 个年级，每个年级有 3 个班，每个班有 1 位班主任及 18 名学生(16 名女孩，2 名男孩)。

（2）实验准备

在实验中所使用的对儿童 IQ 测验的工具[一般能力测验(TOGA)]是由弗拉纳根在 1960 年开发的一种非语言能力测验，这个测验由两个项目组成，即"语言"和"推理"。"语言"项衡量孩子的信息水平、词汇量和概念。"推理"项是指运用抽象的线条画来确定孩子概念形成的能力。

（3）实验程序

开学初，在橡树学校工作人员的配合下，研究者对一至六年级的所有学生进行了 IQ 测验(一般能力测验)。研究者告诉教师，学生接受的是"哈佛应变能力测验"。在此情况下，这种隐瞒很有必要，其目的是让教师对学生产生一些期望，而这正是该实验成功的必要因素。研究者还进一步对教师解释，该测验的成绩可以对一名学生未来在学术上是否会有成就做出预测。换句话说，他们是要让教师相信在测验中获得高分的学生其学习能力在未来的这个学年中将有所提高。实际上，这个测验并不具备这种预测能力。

每位班主任都得到了一份名单，上面记录着本班在"哈佛应变能力测验"中得分最高的前 20％的学生，以便教师了解在本学年哪些学生有发展潜力。但是，下面才是本研究的关键：教师所得名单中的前十名学生完全是被随机地分配到这种实验条件下的。这些学生和其他学生(控制组)的唯一区别就是，教师以为他们(实验组学生)会有不同寻常的智力发展。接近学年结束时，研究者对所有学生又进行了相同的 IQ 测验(一般能力测验)，并计算出每个学生 IQ 的变化程度。通过对实验组和控制组的 IQ 变化差异的检验就可以看出，在现实情境中是否也存在期望效应。

2. 实验结果

（1）实验结果测评标准

测量两组学生的 IQ 情况。

---

① 周宗奎：《现代儿童发展心理学》，394 页，合肥，安徽人民出版社，1999。

（2）实验结果报告

综合全校的情况来看，那些被教师以为智力发展会有显著进步的学生，其IQ平均提高幅度显著高于控制组的学生（分别为12.2个百分点和8.2个百分点）。然而，对图6-4的进一步分析发现，这种差异主要体现在一、二年级组中。

罗森塔尔和雅各布森提出了另一种处理一、二年级数据的方法，更有效也更具说服力，其所得结果参见图6-5。该图向我们展示了每组学生中IQ成绩分别提高了10个、20个、30个百分点的人数比例。

在这项研究中，研究者得到了两个主要的发现：一是已在正式实验室情境中被证明了的期望效应，也会在非正式的现实生活情境中起作用；二是这些作用在低年级中表现得更明显，而在高年级中几乎不存在。

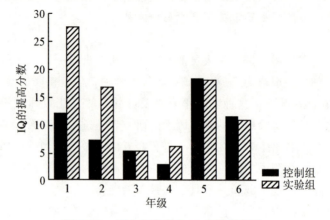

图6-4　一至六年级学生 IQ 分数增长图

资料来源：Roger R. Hock. 改变心理学的40项研究. 白学军，等，译. 北京：中国人民大学出版社，2015：128。

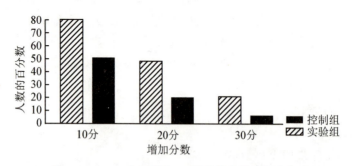

图6-5　一、二年级学生 IQ 增加的人数的百分比

资料来源：Roger R. Hock. 改变心理学的40项研究. 白学军，等，译. 北京：中国人民大学出版社，2015：128。

（二）教育启示

1. 合理利用期望效应激发儿童的学习动机

期望是一种教育策略。教师如果通过自己的行为或语言将期望传达给学生，尤其是低年龄的儿童，他们受到教师"你能行"的积极鼓励后，会产生巨大的自信心，从而不断挖掘自身的潜力，提高创造性与积极性，逐步实现教师预想的目标。教师对儿童的期待是一种无形的精神鼓舞，能激发儿童的潜力，引导他们健康成长。相反，如果教师对儿童态度冷淡，甚至讽刺、挖苦，就会严重打击他们的信心，会对他们的成长产生非常消极的影响。因此，教师首先应在信念和情感上对儿童抱有高度的期待，给儿童一种温暖、积极的良好氛围，给予儿童情感上的支持；其次还要对儿童进行鼓励，对他们的每一次进步做出积极的反馈。

2. 深入了解每一个儿童，给予他们适当的期待

期望是一种巨大的教育力量。首先，教师应关心每一个儿童，对每一个儿童都寄予合理的期望，给他们公平和丰富的支持与鼓励。如果教师把儿童分成"优秀的""一般的""较差的"，这种做法会使部分儿童丧失自信心，不利于儿童之后的发展。其次，教师对儿童发展的每一方面都应给予合理的期待，善于发现儿童的闪光点，促使儿童全面发展而不是片面发展。在教育过程中，为了对儿童进行合理的评价和给予适当的期待，教师应力求避免刻板印象，尽量以客观的眼光、发展的眼光去看待学生。

十、游戏促进儿童认知发展的实验

（一）实验介绍

心理学研究发现，游戏能促进儿童认知、情感、社会性等多方面的发展。儿童在游戏中可以自由地探索问题、解决问题。游戏可以促进儿童社会交往能力的发展。在游戏中儿童可以与同伴互动，习得并练习各种各样的社交技能。游戏也可以缓解儿童情绪上的问题，是儿童与世界交往的一种途径。布鲁纳、乔利和雪尔华(J. S. Bruner，A. Jolly & K. Sylva)的实验就说明了游戏在儿童认知发展中的作用。[①]

---

① Bruner, J. S., Jolly, A., & Sylva, K., *Play-Its Role in Development and Evolution*, New York：Basic Books, 1976.

1. 实验介绍

(1)实验对象

3～5岁儿童。

(2)实验准备

粉笔、盒子、短棍、夹子。

(3)实验程序

实验者要求儿童取一支粉笔。这支粉笔放在幼儿够不到的盒子里，儿童必须把两根短棍接在一起，然后才能把它伸到盒子里，拿到粉笔。实验分三组进行：第一组儿童看着成人表演如何操作棍子、夹子，最后取到粉笔；第二组儿童只是看到成人解决问题的部分示范；第三组让儿童自己玩弄这些工具，成人不干涉，让他们在游戏中自己解决问题。

2. 实验结果

(1)实验结果测评标准

三组儿童解决问题的能力。

(2)实验结果报告

结果发现，看着成人解决问题的一组儿童在自己解决问题时并不比做游戏的那组儿童表现得更好，而做游戏解决问题的儿童比看成人部分解决问题的儿童表现得更好。

(二)教育启示

1. 尊重婴幼儿游戏的权利

实验证明，婴幼儿通过游戏进行自由探索和发现，能促进其问题解决能力的发展。这种效果并不比直接教给婴幼儿解决问题的方法差，优于给婴幼儿示范解决问题的方法。婴幼儿在没有外界评定的压力下，自由地对客体进行探索、观察和实验，是推动认知发展的一种特殊形式。对于婴幼儿来说，正规的、传授式的教育并不适合，这是由婴幼儿的思维水平和特点决定的。婴幼儿处于动作思维和具体形象思维阶段，他们的思维要借助于具体的实物和行动才能进行，抽象逻辑思维尚未发展。游戏正是适合他们思维水平和特点的活动形式，在游戏中他们通过实际动手操作具体的实物来进行思维，发现事物间的关系，找出解决问题的方法。因此，开展早期教育，要注意"寓教育于游戏之中"，这也是婴幼儿早期教育的基本原则之一。《儿童权利公约》把游戏规定为儿童的基本社会权利之一。因此，要使婴幼儿身心全面、健康而协调地发展，必须保障婴幼儿游戏的权利，使游戏真正成为婴幼儿的基本活动。

2. 为婴幼儿创设支持性的游戏环境

在传统的观念中，学习和游戏一直是作为对立项出现的。但是，实验研究充分证明，游戏和学习并不矛盾，游戏反而能促进婴幼儿的认知发展。在游戏的情境中，婴幼儿对周围事物充满了兴趣与好奇，这种兴趣与好奇是理解环境、影响环境需要的表现。游戏可以满足婴幼儿这种认知发展的需要。在游戏中婴幼儿可以进行各种各样的探索、操作活动，可以根据自己的兴趣与想象来模仿和表现周围的人与事物。因此，教养者应该主动为婴幼儿创设支持性的游戏环境，充分促进婴幼儿在游戏中学习和发展。具体来说，可以从物理环境和心理环境两个方面入手。创设物理环境主要是为婴幼儿提供游戏的空间和充足的游戏材料；创设心理环境主要是为了给婴幼儿营造一个宽松、自由的心理氛围，促进婴幼儿在游戏中创造性行为的发生。心理环境的创设主要由教师、家长与婴幼儿之间以及婴幼儿与婴幼儿之间的多重关系构成。

十一、抚触影响实验

（一）实验介绍

新生儿抚触就是通过双手对新生儿全身皮肤各部位进行科学的、有次序的、有手法技巧的抚摸和接触。抚触可促进婴儿各种神经行为和心理的发育，减少婴儿对外界的应激，使其安静，减少哭闹，易入睡，睡眠更平稳且更持久，并可促进婴儿运动能力、环境适应能力和社交能力等的发展。为了进一步了解抚触对足月新生儿行为、神经和智力发育等方面有怎样的影响，本实验通过实践得出具体的数据，并给出一些新生儿教养建议，促进其各方面的健康发展。①

1. 实验设计

（1）实验对象

根据以下标准筛选实验对象：①2009 年 3～12 月均在同一医院产科分娩，分娩胎龄为 37～42 周，出生 1 分钟阿氏评分（Apgar）＞6 分，出生体重 2500～3999 克；②母亲孕期无输血史及特殊用药史，无妊娠并发症（妊高症、糖尿病等），无感染及胎膜早破史；③出生后无严重窒息、先天畸形、酸中毒、抽搐发绀、新生儿溶血症；④无新生儿高胆红素血症的高危因素及各种感染；⑤母婴同

---

① 祝玉兰：《抚触对正常新生儿行为神经及智力发育的影响》，载《中国医药导报》，2010，7(21)。

室。均由家属签署知情同意书进入本研究。

最终入选实验对象共115例，按出生的单双日随机分为抚触组和对照组。抚触组55例，其中男25例，女30例；对照组60例，其中男27例，女33例。

（2）实验准备

出生后3个月采用中国科学院心理研究所和中国儿童发展中心根据贝利智力量表改编和标化的婴幼儿智能发育测量表（CDCC）进行智力发育评价及头围的测量，评价智力发育指数（mental development index，MDI）、心理运动发育指数（psychomotor development index，PDI）及头围的增长情况。

（3）实验程序

抚触组：新生儿抚触按照中华护理学会和美国强生公司推荐的标准进行操作，每次15分钟，每天2～3次，最好在沐浴后、午睡及晚上就寝前，或两次进食中间，或喂奶半小时后进行，持续3个月。具体实施过程为：①先对参加项目的医务人员进行统一培训，熟练掌握抚触方法；②住院期间，随机分配到抚触组的新生儿满24小时后，喂奶后1小时由经过专门培训的医务人员实施一对一的抚触。同时指导新生儿母亲掌握正确的按摩手法，让其参与抚触的实际学习，出院后由母亲实施抚触；③每月进行面对面抚触指导1次。

对照组：除不进行抚触外，常规护理、保健措施、管理办法、测查项目均与抚触组相同。

2. 实验结果

（1）实验结果测评标准

出生后1个月采用鲍秀兰翻译制订的新生儿20项行为神经测定评分（NBNA）。出生后3个月采用中国科学院心理研究所和中国儿童发展中心根据贝利智力量表改编和标化的婴幼儿智能发育测量表进行智力发育评价、心理运动发育评价及头围的测量。

（2）实验结果报告

两组新生儿在孕周、性别构成比、体重、头围及出生后的阿氏评分差异均无统计学意义。

两组新生儿的行为神经、智力发育及头围增长情况差异有统计学意义。抚触组与对照组在出生后1个月NBNA基础评分分别为（39.92±0.65）分，（38.37±0.52）分，两者比较差异有统计学意义（$p < 0.01$）；3个月两组MDI、PDI和头围测量差异亦有统计学意义（$p < 0.01$）。

（二）教育启示

1. 重视早期抚触，抓住婴幼儿发育的关键期

婴儿出生后6个月内脑部及行为发育可塑性很强，脑在结构和功能上也有很强的适应和重组能力。早期良好的刺激，对脑部的结构和功能发育在生理、生化方面均有不可估量的作用。抚触是可以对婴幼儿脑发育产生积极作用的良好刺激，也是一项有益于婴儿健康的医疗保健技术。因此，卫生健康部门、妇幼保健部门等应加大力度宣传，开展相应的抚触培训与讲座，帮助婴幼儿父母掌握科学的抚触技巧，促进婴幼儿神经及智力发育。

2. 抚触过程中增强情感交流，促进婴幼儿情感的社会性发展

抚触期间与婴幼儿进行眼神交流，给予积极温暖的表情等，能促进婴幼儿情感的社会性发展。抚触不仅对婴幼儿的体格和智力发育具有积极影响，更对其神经发育和心理发展具有积极作用。抚触时可以面对面眼神交流，伴随着抚触者亲切的语言。这种亲子的情感交流在婴儿尚无语言交流能力的情况下会让他感受到需要和满足。这些重叠的作用可能对各种神经行为的发育形成一种综合的增强能力。通过抚触，父母与婴幼儿接触的时间增加，能够进一步了解婴幼儿的生理和心理变化。同时，抚触也能给婴幼儿带来感触的满足和情感上的安慰，使其感觉安全、自信，有利于婴幼儿身体和心理的正常发育。

十二、正念训练实验

（一）实验介绍

幼儿期是个体感觉统合发展的关键时期，感觉统合不足会影响幼儿的注意、记忆、控制等心理能力的发展，而正念训练可以通过提高感觉统合来实现对幼儿注意力和执行功能的影响。因此，李泉等人在 2019 年通过实验考查正念训练对 3～4 岁幼儿注意力和执行功能的影响，并探讨其可能的作用机制。[①]

1. 实验设计

（1）实验对象

重庆市某幼儿园随机选取 60 名 3～4 岁幼儿，实际完成实验的有 52 名。26 名为实验组（接受正念训练组），26 名为控制组。正念组男女各 13 名，平均年龄 46.08 个月；对照组男女各 13 名，平均年龄 47.59 个月。3 岁组幼儿 16 名，4 岁组幼儿 36 名，男女比例相等。所有幼儿均为右利手，智力、视力和听力均发育正常。实验结束后，每个幼儿会得到一个小礼物作为奖励。此外，研究获得了家长和被试的知情同意。

---

① 李泉、宋亚男、廉彬等：《正念训练提升 3～4 岁幼儿注意力和执行功能》，载《心理学报》，2019，51（3）。

（2）实验准备

电脑、动物图片。

（3）实验程序

采用 2×2 的实验组、对照组前后测设计，正念组和对照组在此之前未参加过类似的训练，前、后测间隔 2.5 个月左右，采用同质测试任务。

所有测试任务均在行为观察实验室内进行，测试大约 30 分钟，包含每种测试中间休息的 1～2 分钟。其中注意力约 5 分钟，抑制控制约 6 分钟，认知灵活性约 5 分钟，工作记忆约 3 分钟。测试按照"注意力—抑制控制—认知灵活性—工作记忆"的顺序进行。

注意力。采用找动物任务（find animals）。该任务用于测量 3～6 岁幼儿的持续性注意力。具体操作：通过电脑屏幕呈现一系列图片，包括动物和非动物两种类别，幼儿在看到动物，如大象、老虎、鸭子等目标刺激时口头报告"动物"，而在看到非目标刺激物时则不做报告。如果幼儿连续漏掉 4 个目标刺激，主试予以提示。每个刺激呈现流程为：注视点＋界面呈现 1800 毫秒——刺激图片呈现 200 毫秒。记录下幼儿正确回答、错误回答（对非目标刺激的报告）以及提示次数。注意力测验得分为幼儿正确回答次数减去错误回答次数，再减去提示次数。具体流程见图 6-6。[1]

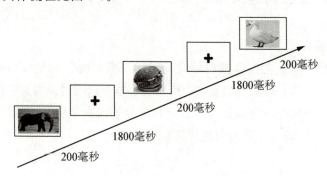

图 6-6　注意力实验流程图

资料来源：李泉等，2019。

抑制控制。本研究采用戴维森、阿姆索、安德森等人（Davidson，Amso，Anderson & Diamond）在 2006 年编制的"桃心花朵"任务。该任务主要用于测量学龄前儿童抑制控制能力。具体操作如下：首先，主试给幼儿介绍在电脑屏幕的左侧或右侧会随机呈现"桃心"或者"花朵"图片；其次，告诉幼儿无论"桃心"出现在左边还是右边，都指左边。无论"花朵"出现在左边还是右边，都指

---

[1]　Breckenridge，K.，The Structure and Function of Attention in Typical and Atypical Development（Unpublished PhD Dissertation），University of London，2007.

右边；最后，要求幼儿根据电脑屏幕上呈现的图片快速准确地做出反应。每个刺激呈现的流程为：注视点＋界面呈现 500 毫秒——刺激图片呈现 8000 毫秒，共 20 个测试。记录幼儿平均正确率。具体流程见图 6-7。[①]

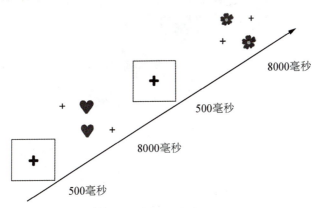

图 6-7　抑制控制实验流程图
资料来源：李泉等，2019。

认知灵活性。本研究采用 3～5 岁维度变化卡片分类任务幼儿标准版。在此任务中，研究者向幼儿呈现不同维度的卡片，包括形状、颜色。幼儿先按照形状给卡片分类，进行 6 次；再按颜色分类，进行 6 次；又按形状分类，进行 6 次。每个刺激呈现的流程为：背景界面呈现 800 毫秒——注视点＋界面呈现 1000 毫秒——刺激图片呈现 1000 毫秒——反应界面呈现 8000 毫秒，共 36 个测试。记录幼儿反应正确率。具体流程见图 6-8。[②]

工作记忆。本研究采用韦氏智力量表第四版中的图片记忆任务对幼儿工作记忆进行测试。幼儿需要在规定的时间(3 秒或 5 秒)内观看有主试呈现的一个或几个图片，再从之后呈现的答题卡上指出之前呈现的图片。例如，给幼儿呈现苹果图片 3 秒，让幼儿在接下来呈现的苹果和安全帽图片中指出"苹果"图片，正确指出计 1 分，错误指出计 0 分，连续 4 题错误终止测试。图片呈现个数为 1～7 个，其中刺激图片个数为 1 时呈现 3 秒，刺激图片个数大于或等于 2 时呈现 5 秒。随着呈现图片个数的增加，难度也随之递增。记录幼儿回答正确次数，这也是幼儿的工作记忆得分，满分 35 分。具体流程见图 6-9。

① Davidson，M. C.，Amso，D.，Anderson，L. C.，et al.，"Development of Cognitive Control and Executive Functions from 4 to 13 years: Evidence from Manipulations of Memory, Inhibition, and Task Switching," *Neuropsychologia*，2006，44(11)，pp. 2037-2078.

② Zelazo，P. D.，"The Dimensional Change Card Sort (DCCS): A Method of Assessing Executive Function in Children," *Nature Protocols*，2006，1(1)，pp. 297-301.

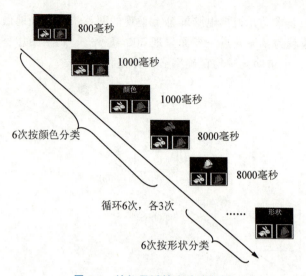

图 6-8　认知灵活性实验流程图
资料来源：李泉等，2019。

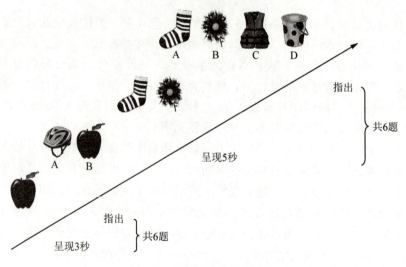

图 6-9　工作记忆实验流程图
资料来源：李泉等，2019。

　　本研究设计了一系列适合 3～4 岁幼儿认知发展特点的正念训练干预课程。这些课程每周开展 2 次，每次 6 人，每次 20～30 分钟，共计 12 次。[①]

[①]　Kabat-zinn，J.，"Bringing Mindfulness to Medicine：An Interview with Jon Kabat-Zinn，PhD. Interview by Karolyn Gazella，"*Advances in Mind-Body Medicine*，2005，21（2），pp. 22-27.

具体安排如下。

①呼吸和注意力：学会用腹式呼吸，把注意力集中在身体感官上。

②躯体感觉和运动：身体协调运动的感受与意识。

③觉察心智活动：放松情绪、正念感知身体的每一个部分。

在训练的过程中，培训教师应引导幼儿积极参与，以鼓励、开放和接纳的态度引导幼儿去体验和感知当下的情境，并投入课程当中。

2. 实验结果

(1)实验结果测评标准

实验组与对照组的前后测情况。

(2)实验结果报告

注意力。以注意力为因变量，在前测条件下，正念组与对照组差异不显著，$p > 0.05$；在后测条件下，正念组得分显著高于对照组得分，$p < 0.05$。正念训练对3~4岁儿童注意力提升有显著的作用。

抑制控制。以抑制控制为因变量，在前测条件下，正念组与对照组差异不显著，$p > 0.05$；在后测条件下，正念组与对照组差异显著，$p < 0.001$。正念训练对3~4岁儿童抑制控制能力提升有显著的作用。

认知灵活性。以认知灵活性为因变量，在前测条件下，正念组与对照组差异不显著，$p > 0.05$；在后测条件下，正念组与对照组差异显著，$p < 0.001$。正念训练能够显著促进3~4岁幼儿认知灵活性的发展。

工作记忆。以工作记忆为因变量，测试类型主效应显著，组别主效应不显著，交互作用不显著，正念训练对3~4岁幼儿工作记忆的发展没有明显的提升作用。

除此之外，针对正念训练对幼儿注意力和执行功能的提升作用是否存在年龄和性别上的差异，以注意力、抑制控制、认知灵活性和工作记忆在年龄和性别上的变化为因变量，结果显示，3~4岁幼儿在注意力、抑制控制、认知灵活性及工作记忆的提升方面未表现出显著的性别差异。

(二)教育启示

1. 重视利用感统训练促进婴幼儿注意力的发展

实验发现，正念训练对3~4岁幼儿注意力发展起到促进作用，正念与注意力之间关系十分密切。同时研究发现，正念训练对幼儿注意力的提升作用可能是通过感觉统合的发展来实现的。因此，教养者可以通过适当的感觉统合训练来促进婴幼儿注意力的发展。大量实践经验表明，治疗幼儿感觉统合失调的关键是轻松的游戏。将感觉统合训练与游戏的基本元素相融合而改善的训练模式将机械的训练与游戏结合，具有多种游戏方式和有效主体，可以给予婴幼儿积极的反馈信息，使婴幼儿训练的持久性和积极性得到有效提高。

2. 通过正念训练促进婴幼儿执行功能的发展

实验发现，正念训练对3～4岁幼儿的抑制控制和认知灵活性的发展起促进作用。正念训练主要通过抑制控制和认知灵活性来提升个体执行功能。一方面，正念训练需要个体在训练过程中控制自身情绪和思想进行冥想，抑制无关信息的干扰，将注意力集中在身体部位和特定事物上；另一方面，需要选择科学适宜的正念训练课程，结合婴幼儿的工作记忆发展特点及规律适当调整频次和方法。

十三、早期综合发展能力的干预方案实验

（一）实验介绍

儿童早期发展旨在帮助儿童发挥最大的潜能，并通过提高人口综合素质达到国家发展的目标。国外诸多干预项目表明，早期干预对促进儿童发展特别是处境不利儿童的早期发展有重要意义。那么不同干预方案对婴幼儿早期综合发展的影响如何呢？以下实验旨在了解不同干预模式对0～3岁婴幼儿早期综合发展能力的影响，为开展儿童早期综合发展工作提供科学依据。[①]

1. 实验设计

（1）实验对象

上海市徐汇区295名0～3岁婴幼儿。

（2）实验准备

一份基本信息问卷，包括父母的年龄、文化程度、职业、婚姻状况、家庭结构、收入，婴幼儿性别、出生日期等。一份早期教育评估系统（E-LAP，针对0～36月龄）与教育评测诊断系统（LAP-D，针对36～72月龄），在干预前后进行儿童早期发展能力的评估。这两种工具从五个维度（大动作、精细动作、认知、语言和社交情绪能力）评估婴幼儿的综合发展能力。

（3）实验程序

实验将被试分为三组，分别为对照组、社区干预组、家庭干预组。2019年3～8月在项目现场居委会分别开展为期6个月的干预活动，分别在干预前后使用E-LAP和LAP-D两种测评工具进行儿童早期发展能力的评估，得到测评的发育月龄，通过与实际月龄比较，评估不同干预模式对儿童早期发展的影

---

① 李玉艳、武俊青、姜楠等：《不同干预方案对0～3岁婴幼儿早期综合发展能力的影响》，载《中国儿童保健杂志》，2020，28(12)。

响，并进一步进行分析讨论。

对照组：仅包含两次测评，并未采取特别的干预措施。

社区干预组：以社区为单位进行干预，强调群体性干预。干预主要包括家长讲座、专家咨询活动、发放婴幼儿综合发展知识的宣传小册、利用公众平台传播儿童早期发展教养指导知识来营造良好的社区环境。

家庭干预组：以家庭为单位进行干预，突出个性化干预。在社区干预活动的基础上增加了家庭特异性活动。在首次测评时建立婴幼儿早期发展档案，并结合首次测评结果制定个性化方案和实施细则，以指导家长按照相关方案的要求进行家庭训练。根据婴幼儿月龄的不同，研究者每月通过视频等提供操作指导，提升家长的可实施性，并在提供工具时进行实时随访。

2. 实验结果

(1)实验结果测评标准

E-LAP 与 LAP-D。这两种工具从五个维度(大动作、精细动作、认知、语言和社交情绪能力)评估婴幼儿的综合发展能力，得到测评的发育月龄，并通过与实际月龄比较，判断儿童早期发展状况，评估不同干预模式对儿童早期发展的影响。研究将"测评发育月龄≥实际月龄的比例"作为主要的评估指标进行分析与讨论。

(2)实验结果

本研究使用"测评发育月龄≥实际月龄的比例"作为主要指标。卡方检验显示，婴幼儿接受家庭干预前后，大运动、精细动作、认知、语言和社交情绪方面差异有统计学意义($p < 0.05$)。社区干预组仅在大运动和语言两个方面干预前后存在显著性差异($p < 0.05$)。对照组干预前后在大运动方面存在显著性差异($p < 0.05$)。

研究为更详细地分析干预方案的效果，以"测评发育月龄≥实际月龄的比例"为结果变量，调整一般人口学特征中有差异的变量：婴幼儿年龄、母亲年龄、母亲文化程度和父亲文化程度，分别以综合发展的五个维度拟合多因素广义估计方程。结果显示，与对照组相比，家庭干预组在大运动、精细动作和认知方面，大于或等于实际月龄的比例较高，且差异有统计学意义($p < 0.05$)；社区干预组在大运动方面存在显著性差异($p < 0.05$)。不同干预方案在语言、自我帮助及社交情绪方面未发现显著性差异($p \geqslant 0.05$)。

(二)教育启示

1. 进一步重视婴幼儿早期干预的重要意义

研究表明，早期干预能有效促进婴幼儿各方面能力的发展，提升婴幼儿发展达到预期目标的比例，尤其在大运动能力、精细运动与认知能力方面。

从实验数据可知，对照组中有一半或以上的婴幼儿尚未达到相应年龄的早期发展能力标准，而加以社区干预及家庭干预后，婴幼儿达到能力标准的比率明显增加，而对照组没有改善。因此可知，早期干预对婴幼儿的早期发展有着重要作用。家长和社区应意识到早期干预的重要性，及时参与早期教育指导等有助于婴儿早期发展的活动，并在家庭中促进婴幼儿发展的科学性和准确性。

2. 在早期干预工作中注重家庭的作用

研究表明，家庭干预与社区干预结合的方式能更加有效地促进婴幼儿的早期发展，个性化和特异化的干预指导更能针对每个家庭的需求制订发展计划，从而使婴幼儿的能力显著提升。由此可见，家庭在婴幼儿早期发展中起着不可忽视的重要作用。家庭作为婴幼儿生活的主要环境，对婴幼儿的发展至关重要。因此，要促进婴幼儿早期发展，应注重加强家庭的教养能力，与家庭对接，实质性地提升早期教育质量。

十四、早期发展指导实验

（一）实验介绍

未成熟的大脑具有较强的可塑性，而0～1岁是大脑发育的高峰期。在儿童保健工作中关注大脑的发育、智力与运动的发展，有助于提高儿童保健的质量并满足家长的需求。早期发展指导主要包括对婴幼儿父母的教育指导，对婴幼儿实施直接刺激，提供广泛的信息和社会支持。了解早期发展指导对婴幼儿发展的作用，有助于相关机构和人员采取科学高效的养育措施。[1]

1. 实验设计

（1）实验对象

189名0～1岁的婴幼儿，被分为实验组和对照组。实验组中女48名，男52名；对照组中女44名，男45名。

（2）实验准备

实验组婴幼儿和家长在保健门诊接受指导，由医生为其监测发展状况并根据状况进行定期指导。同时，还需要一份贝利婴幼儿发展量表。实验组婴幼儿在保健门诊接受6个月指导后，对其使用贝利婴幼儿发展量表进行发育测验。

---

① 范桂芹：《0～1岁早期发展指导对促进正常婴幼儿智力与运动发展的影响》，载《中外女性健康研究》，2019(1)。

（3）实验程序

实验组婴幼儿与对照组婴幼儿人数分别为 100 和 89，两组之间性别与年龄没有显著差异，因此可视作同质。

对照组未接受早期发展指导，只按照常规在出生后 1 个月、3 个月、6 个月、9 个月、12 个月、18 个月、24 个月定期到医院进行体格检查和营养咨询。

实验组的婴幼儿在满月后接受早期发展指导，1~6 个月时一个月一次，6 个月后到 12 个月每两个月 1 次，由专门的医生对婴幼儿的生理和心理发展的多个方面进行监测（包括体格、神经运动、智力发育情况和营养情况）。6 个月后使用贝利婴幼儿发展量表（Bayley Scales of Infant Development，BSID）对婴幼儿进行发育测验。8 个月后对婴幼儿家庭进行问卷调查。医生根据调查结果对婴幼儿和家长进行综合性指导。指导包括喂养、感知动作、视听反应、语言发展、交往游戏训练等多方面的内容。1 岁后干预指导结束。之后继续对这些婴幼儿进行跟踪调查。

2. 实验结果

（1）实验结果测评标准

在此过程中，于 8，12，18，24 月龄阶段测量两组婴幼儿的智力发育指数和运动发育指数，对比两组婴幼儿相关指数，进行进一步分析讨论。

（2）实验结果报告

实验组婴幼儿在 8，12，18，24 月龄阶段的智力发育指数均明显高于对照组（$p < 0.05$），随着年龄增加各组婴幼儿的智力发育指数逐渐升高，而且组内不同年龄阶段智力发育指数比较差异显著（$p < 0.05$）。实验组婴幼儿在 8 月龄和 18 月龄的运动发育指数明显高于对照组，组间差异显著（$p < 0.05$）。

（二）教育启示

1. 家庭应转变观念，重视婴幼儿早期发展指导

研究结果表明，0~1 岁早期发展指导对促进正常婴幼儿智力与运动发育有明显的促进作用，其中对智力发育的促进作用更加明显。因此，家长应重视婴幼儿早期发展指导。早期发展指导不仅是对婴幼儿直接进行刺激，更是对家长的育儿知识进行补充。家长有了更丰富的科学育儿知识，便可以在家庭中营造出良好的育儿氛围，更全面、更直接地促进婴幼儿发展。

2. 改善早期发展指导方式，吸纳更多家庭参与早期发展指导

早期发展指导在保健门诊进行，许多家长可能因为时间或距离的原因而不参与。若指导方式更加丰富，在社区、学校、父母单位等多个地方设置相应学习指导地点，那么家长就可以根据自己的情况选择更适合的方式，这样也会使更多家庭参与早期发展指导。

3. 加强婴幼儿早期发展指导的个性化

　　个性化的早期发展指导能更有效和更精准地满足不同家庭的需求。个性化的早期发展指导可以通过定期家访、建立婴幼儿档案、提供教养辅助工具等方式开展。专业指导人员可以根据婴幼儿和家庭的情况制订发展方案，为家庭亲子问题提供解决方案，并为家长提供学习材料等。

参考文献

[1]陈帼眉. 幼儿心理学(第2版). 北京：北京师范大学出版社，2017.

[2]黛安娜·帕帕拉，萨莉·奥尔兹，露丝·费尔德曼. 孩子的世界——从婴儿期到青春期(第1版). 郝嘉佳，等，译. 北京：人民邮电出版社，2013.

[3]洪秀敏. 儿童发展理论与应用. 北京：北京师范大学出版社，2015.

[4]黄人颂. 学前教育学(第三版). 北京：人民教育出版社，2015.

[5]劳伦·斯莱特. 20世纪最伟大的心理学实验(纪念版). 郑雅方，译. 北京：北京联合出版公司，2017.

[6]林崇德. 发展心理学(第三版). 北京：人民教育出版社，2018.

[7]琳恩·默里. 婴幼儿心理学：关于婴幼儿安全感、情绪控制和认知发展的秘密. 张安也，译. 北京：北京科学技术出版社，2020.

[8]刘焱. 儿童游戏通论. 福州：福建人民出版社，2015.

[9]罗伯特·西格勒，玛莎·阿利巴利. 儿童思维发展(第4版). 刘电芝，等，译. 北京：世界图书出版公司，2006.

[10]马乔里·J. 科斯特尔尼克，等. 0—12岁儿童社会性发展——理论与技巧(第八版). 王晓波，译. 北京：中国轻工业出版社，2018.

[11]倪伟. 儿童信念—愿望推理. 合肥：安徽人民出版社，2010.

[12]彭聃龄. 普通心理学(第5版). 北京：北京师范大学出版社，2019.

[13]钱文，俞晖. 婴幼儿社会性发展与教育. 上海：上海科技教育出版社，2019.

[14]秦金亮，王恬. 儿童发展实验指导. 北京：北京师范大学出版社，2013.

[15]琼·芭芭拉. 婴幼儿回应式养育活动. 牛君丽，译. 北京：中国轻工业出版社，2020.

[16]唐敏，李国祥. 0～3岁婴幼儿动作发展与教育. 上海：复旦大学出版社，2011.

[17]王美芳，司继伟，王惠萍，等. 发展与教育心理学实验指导. 济南：山东人民出版社，2009.

[18]王争艳，武萌，赵婧. 婴儿心理学. 杭州：浙江教育出版社，2015.

80项婴幼儿心理学实验及启示

[19]周淑群，王艳．以爱之名陪伴成长：0—6岁婴幼儿家庭教育方略．长沙：湖南师范大学出版社，2020.

[20]左志宏．婴幼儿认知发展与教育．上海：上海科技教育出版社，2019.

[21]Carol Copple，等．0—3岁婴幼儿发展适宜性实践．洪秀敏，等，译．北京：中国轻工业出版社，2020.

[22]David R. Shaffer，Katherine Kipp．发展心理学：儿童与青少年（第9版）．邹泓，等，译．北京：中国轻工业出版社，2016.

[23]Mary Jane Maguire-Fong．与0—3岁婴幼儿一起学习：支持主动的意义建构者．罗丽，译．北京：中国轻工业出版社，2020.

[24]Robert J. Sternberg，Karin Sternberg．认知心理学（第6版）．邵志芳，译．北京：中国轻工业出版社，2016.